艺术设计 ARTDESIGN

国家示范性高等职业院校艺术设计专业精品教材

高职高专艺术设计类『十三五』规划教材

版面编排设计（第二版）

BANMIAN BIANPAI SHEJI

主　编　艾　青　陈　林　毕　丹

副主编　徐　琼　史晓燕　谢　辉　杨　振　吴让红　周　宇
夏文秀

参　编　罗　玮　程蓉洁　单春晓　朱雄轩　杨　智　蒋玖荣
林培亮　李岩岩　蒋　伟　辛雄飞　尚慧林

华中科技大学出版社
http://www.hustp.com
中国·武汉

内 容 简 介

本书包含版面编排设计的基本理论、基础知识，文字与图形的版面构成，版面编排设计的基本类型，版面编排设计与印刷的相关知识，版面编排设计的应用等方面的内容，分别从知识认知、知识提高和知识应用等三个大的方面来展开教学。

本书根据高职高专学生的基本素质和人才培养方案的特点，在编写过程中本着实用、有效的原则，重点培养学生的设计思维，提高学生的实际应用能力。每个项目末尾设置的教学实例、设计分析和课后练习等，可以使学习者掌握设计技巧和方法。

图书在版编目(CIP)数据

版面编排设计/艾青，陈林，毕丹主编. —2 版. —武汉：华中科技大学出版社，2014.6(2021.1 重印)
ISBN 978-7-5680-0202-8

Ⅰ.①版… Ⅱ.①艾… ②陈… ③毕… Ⅲ.①版面-设计-高等职业教育-教材 Ⅳ.①TS881

中国版本图书馆 CIP 数据核字(2014)第 135840 号

版面编排设计(第二版) 艾 青 陈 林 毕 丹 主编

策划编辑：曾 光 彭中军
责任编辑：彭中军
封面设计：龙文装帧
责任校对：马燕红
责任监印：张正林
出版发行：华中科技大学出版社(中国·武汉)
武昌喻家山 邮编：430074 电话：(027)81321915
录 排：龙文装帧
印 刷：湖北新华印务有限公司
开 本：880 mm × 1230 mm 1/16
印 张：8.25
字 数：258 千字
版 次：2011 年 9 月第 1 版 2021 年 1 月第 2 版第 4 次印刷
定 价：47.00 元

国家示范性高等职业院校艺术设计专业精品教材
高职高专艺术设计类“十二五”规划教材
基于高职高专艺术设计传媒大类课程教学与教材开发的研究成果实践教材

编审委员会名单

国家示范性高等职业院校艺术设计专业精品教材

高职高专艺术设计类"十二五"规划教材

基于高职高专艺术设计传媒大类课程教学与教材开发的研究成果实践教材

组编院校(排名不分先后)

广州番禺职业技术学院
深圳职业技术学院
天津职业大学
广西机电职业技术学院
常州轻工职业技术学院
邢台职业技术学院
长江职业学院
上海工艺美术职业学院
山东科技职业学院
随州职业技术学院
大连艺术职业学院
潍坊职业学院
广州城市职业学院
武汉商学院
甘肃林业职业技术学院
湖南科技职业学院
鄂州职业大学
武汉交通职业学院
石家庄东方美术职业学院
漳州职业技术学院
广东岭南职业技术学院
石家庄科技工程职业学院
湖北生物科技职业学院
重庆航天职业技术学院
江苏信息职业技术学院
湖南工业职业技术学院
无锡南洋职业技术学院
武汉软件工程职业学院
湖南民族职业学院
湖南环境生物职业技术学院
长春职业技术学院
石家庄职业技术学院
河北工业职业技术学院
广东建设职业技术学院
辽宁经济职业技术学院
武昌理工学院
武汉城市职业学院
武汉船舶职业技术学院
四川长江职业学院
湖南大众传媒职业技术学院
黄冈职业技术学院
无锡商业职业技术学院
南宁职业技术学院
广西建设职业技术学院
江汉艺术职业学院
淄博职业学院
温州职业技术学院
邯郸职业技术学院
湖南女子学院
广东文艺职业学院
宁波职业技术学院
潮汕职业技术学院
四川建筑职业技术学院
海口经济学院
威海职业学院
襄阳职业技术学院
武汉工业职业技术学院
南通纺织职业技术学院
四川国际标榜职业学院
陕西服装艺术职业学院
湖北生态工程职业技术学院
重庆工商职业学院
重庆工贸职业技术学院
宁夏职业技术学院
无锡工艺职业技术学院
云南经济管理职业学院
内蒙古商贸职业学院
湖北工业职业技术学院
青岛职业技术学院
湖北交通职业技术学院
绵阳职业技术学院
湖北职业技术学院
浙江同济科技职业学院
沈阳市于洪区职业教育中心
安徽现代信息工程职业学院
武汉民政职业学院
湖北轻工职业技术学院
四川传媒学院
天津轻工职业技术学院
重庆城市管理职业学院
顺德职业技术学院
武汉职业技术学院
黑龙江建筑职业技术学院
乌鲁木齐职业大学
黑龙江省艺术设计协会
冀中职业学院
湖南中医药大学
广西大学农学院
山东理工大学
湖北工业大学
重庆三峡学院美术学院
湖北经济学院
内蒙古农业大学
重庆工商大学设计艺术学院
石家庄学院
河北科技大学理工学院
江南大学
北京科技大学
湖北文理学院
南阳理工学院
广西职业技术学院
三峡电力职业学院
唐山学院
苏州经贸职业技术学院
唐山工业职业技术学院
广东纺织职业技术学院
昆明冶金高等专科学校
江西财经大学
天津财经大学珠江学院
广东科技贸易职业学院
武汉科技大学城市学院
广东轻工职业技术学院
辽宁装备制造职业技术学院
湖北城市建设职业技术学院
黑龙江林业职业技术学院
四川天一学院
哈尔滨职业技术学院

总序 ZONGXU

世界职业教育发展的经验和我国职业教育发展的历程都表明，职业教育是提高国家核心竞争力的要素。职业教育的这一重要作用，主要体现在两个方面。其一，职业教育承载着满足社会需求的重任，是培养为社会直接创造价值的高素质劳动者和专门人才的教育。职业教育既是经济发展的需要，又是促进就业的需要。其二，职业教育还承载着满足个性发展需求的重任，是促进青少年成才的教育。因此，职业教育既是保证教育公平的需要，又是教育协调发展的需要。

这意味着，职业教育不仅有自己的特定目标——满足社会经济发展的人才需求，以及与之相关的就业需求，而且有自己的特殊规律——促进不同智力群体的个性发展，以及与之相关的智力开发。

长期以来，由于我们对职业教育作为一种类型教育的规律缺乏深刻的认识，加之学校职业教育又占据绝对主体地位，因此职业教育与经济、与企业联系不紧，导致职业教育的办学未能冲破“供给驱动”的束缚；由于与职业实践结合不紧密，职业教育的教学也未能跳出学科体系的框架，所培养的职业人才，其职业技能的“专”、“深”不够，工作能力不强，与行业、企业的实际需求及我国经济发展的需要相距甚远。实际上，这也不利于个人通过职业这个载体实现自身所应有的职业生涯的发展。

因此，要遵循职业教育的规律，强调校企合作、工学结合，“在做中学”，“在学中做”，就必须进行教学改革。职业教育教学应遵循“行动导向”的教学原则，强调“为了行动而学习”、“通过行动来学习”和“行动就是学习”的教育理念，让学生在由实践情境构成的、以过程逻辑为中心的行动体系中获取过程性知识，去解决“怎么做”(经验)和“怎么做更好”(策略)的问题，而不是在由专业学科构成的、以架构逻辑为中心的学科体系中去追求陈述性知识，只解决“是什么”(事实、概念等)和“为什么”(原理、规律等)的问题。由此，作为教学改革核心的课程，就成为职业教育教学改革成功与否的关键。

当前，在学习和借鉴国内外职业教育课程改革成功经验的基础上，工作过程导向的课程开发思想已逐渐为职业教育战线所认同。所谓工作过程，是“在企业里为完成一件工作任务并获得工作成果而进行的一个完整的工作程序”，是一个综合的、时刻处于运动状态但结构相对固定的系统。与之相关的工作过程知识，是情境化的职业经验知识与普适化的系统科学知识的交集，它“不是关于单个事务和重复性质工作的知识，而是在企业内部关系中将不同的子工作予以连接的知识”。以工作过程逻辑展开的课程开发，其内容编排以典型的职业工作任务及实际的职业工作过程为参照系，按照完整行动所特有的“资讯、决策、计划、实施、检查、评价”结构，实现学科体系的解构与行动体系的重构，实现于变化的、具体的工作过程之中获取不变的思维过程和完整的工作训练，实现实体性技术、规范性技术通过过程性技术的物化。

近年来，教育部在高等职业教育领域组织了我国职业教育史上最大的职业教育师资培训项目——中德职教师资培训项目和国家级骨干师资培训项目。这些骨干教师通过学习、了解，接受先进的教学理念和教学模式，结合中国的国情，开发了更适合中国国情、更具有中国特色的职业教育课程模式。

华中科技大学出版社结合我国正在探索的职业教育课程改革，邀请我国职业教育领域的专家、企业技术专家和企业人力资源专家，特别是国家示范院校、接受过中德职教师资培训或国家级骨干师资培训的高职院校的骨干教师，为支持、推动这一课程开发应用于教学实践，进行了有意义的探索——相关教材的编写。

华中科技大学出版社的这一探索，有两个特点。

第一，课程设置针对专业所对应的职业领域，邀请相关企业的技术骨干、人力资源管理者及行业著名专家和院校骨干教师，通过访谈、问卷和研讨，提出职业工作岗位对技能型人才在技能、知识和素质方面的要求，结合目前中国高职教育的现状，共同分析、讨论课程设置存在的问题，通过科学合理的调整、增删，确定课程门类及其教学内容。

第二，教学模式针对高职教育对象的特点，积极探讨提高教学质量的有效途径，根据工作过程导向课程开发的实践，引入能够激发学习兴趣、贴近职业实践的工作任务，将项目教学作为提高教学质量、培养学生能力的主要教学方法，把适度够用的理论知识按照工作过程来梳理、编排，以促进符合职业教育规律的、新的教学模式的建立。

在此基础上，华中科技大学出版社组织出版了这套规划教材。我始终欣喜地关注着这套教材的规划、组织和编写。华中科技大学出版社敢于探索、积极创新的精神，应该大力提倡。我很乐意将这套教材介绍给读者，衷心希望这套教材能在相关课程的教学中发挥积极作用，并得到读者的青睐。我也相信，这套教材在使用的过程中，通过教学实践的检验和实际问题的解决，将会不断得到改进、完善和提高。我希望，华中科技大学出版社能继续发扬探索、研究的作风，在建立具有中国特色的高等职业教育的课程体系的改革之中，做出更大的贡献。

是为序。

教育部职业技术教育中心研究所
学术委员会秘书长
《中国职业技术教育》杂志主编
中国职业技术教育学会理事、
教学工作委员会副主任
职教课程理论与开发研究会主任
姜大源 教授
2010 年 6 月 6 日

前言 QIANYAN

版面编排设计是现代设计艺术的重要组成部分，是现代艺术设计工作者必须具备的基本功之一。版面编排设计也是高职高专院校艺术设计专业的重要设计基础课程，与其相关的设计基础课程还有图形创意、字体设计等。

一些学生之所以在实际的设计操作过程中觉得无从下手，或者在设计构思的表达方式上缺少手段，表现手法单一，或者设计的作品模仿痕迹过重等，多数是因为在进行设计基础课程学习的过程中没有进行有效的设计思维转变和创新思维建立。因此本书在注重介绍基础知识的同时，更侧重于版面编排技能的训练，通过大量版面编排设计的优秀案例分析，让理论在灵活的应用中被学生掌握。通过对教学案例的对比讲解，以感性和直观的方式，将理论知识与实际案例有机结合，凸显高职高专教育的特点，并在学生的学习和练习过程中提供一些创意表现作品作为参考，从而达到开阔眼界、拓展思路的目的。

本书的编写结合高职高专院校学生的特点，优化课程结构，突出教学特点，同时也为版面编排设计课程的教学改革贡献一份力量。在编写的过程中，得到了编者所在院系相关领导和老师的大力支持和帮助，也参考了相关论文、专著及图片等资料，在此对相关人员一并表示感谢。

由于编者能力有限，不当之处在所难免，希望各位专家学者及各位同仁不吝批评与指正！

编　者

2014 年 7 月于武汉

目录 MULU

BANMIAN BIANPAI SHEJI（DIERBAN）

项目一　版面编排设计的基本理论 …… (1)

项目二　版面编排设计的基础知识 …… (21)

项目三　文字与图形的版面构成 …… (43)

项目四　版面编排设计的基本类型 …… (69)

项目五　版面编排设计与印刷的相关知识 …… (87)

项目六　版面编排设计的应用 …… (105)

参考文献 …… (123)

项目一
版面编排设计的基本理论

BANMIAN BIANPAI SHEJI（DIERBAN）

课程内容

本项目以版面编排设计（或版面设计）的概念、历史和发展趋势，以及版面编排设计的功能和原则为主要内容，全面介绍版面编排设计的基本理论。

知识目标

通过对版面编排设计基本知识的学习，在理论体系中对版面编排设计形成系统的认识和理解，为实践提供有力的理论指导。

能力目标

通过对版面编排设计基本知识的学习，对现代版面编排设计有正确的认识，也为下一步学习打下坚实的基础。

任务一 版面编排设计的概念

如果想成为一名优秀的平面设计师，就必须在版面编排设计方面有较高的造诣。纵观所有的视觉传达设计，广告、包装、展示陈列、报纸、书籍、产品手册、网页设计等是否具有视觉形式的美感，信息传达是否明确、准确，都与版面编排设计有关。有些设计项目，版面编排设计的好坏直接影响传播效果。因此，版面编排设计是视觉传达设计专业教育中非常重要的专业设计基础课，也是现代设计艺术的重要组成部分。

所谓版面编排设计，即在版面上将有限的视觉元素根据特定的需要进行有机的排列组合，将理性思维个性化地表现出来，是一种具有个人风格和艺术特色的视觉传达方式。版面编排设计在传达信息的同时，也产生美感。随着社会的不断进步，人们视觉审美习惯也随之改变，版面编排设计的观念也在不断更新，它不再是单纯的技术编排，而是技术与艺术的统一体。从教育的角度来说，版面编排设计是一门设计专业基础课；但对每位热爱设计的设计师来说，它是他们一生为之努力付出并不断追求的艺术目标。国外的平面设计师非常重视版面编排设计，因为版面本身就体现出创意。版面编排设计的创意不完全等同于平面设计中作品主题思想的创意。它相对独立，但又必须服务于其主题思想创意。优秀的版面编排设计，不仅可以突出作品的主题思想，而且可以使之更加生动、更具艺术感染力，如图 1-1 至图 1-4 所示。

图 1-1　哈佛设计的海报版面设计

图 1-2　杂志封面版面设计

图 1-3　时尚杂志内页版面一

图 1-4　时尚杂志内页版面二

任务二

版面编排设计的发展

如果要追溯版面编排的起源，还要从人类发展的早期文明阶段说起。不论是岩洞内的远古壁画，还是泥板、动物骨骼上的象形文字，都已经表现出了早期文明阶段人们一定的编排意识。在两河流域文明时期的文字中，书写者已经将文字和直线线条分割，使画面出现一种节奏上的变化，这基本上是在平面上分割要素的最早运用。古埃及的纸草画就是把图形、文字、符号等内容汇集在一个平面内，内容包括当时的政治、文化、经济和宗教等文献，从平面设计的角度来说，其内容图文并茂，编排错落有致，具有较高的艺术水准。中国甲骨文和古埃及纸草书如图1-5和图1-6所示。从此，类似的编排设计一直延续下来，特别是在中国人发明印刷术和造纸术以后，版面编排设计在形式上有了长足的发展。

图1-5　中国甲骨文

图1-6　古埃及纸草书

一、中国版面编排设计的发展　ONE

中国的传统书籍对现代版面编排设计有极其重要的影响。中国书籍最早的形式是简册（见图1-7）。简册是由细长的竹片经加工后，用皮质的绳子穿起来，然后在上面从上到下、从右到左书写文字，这样就形成了传统书籍的文字编排方式，也形成了与西方完全不同的版面形式。后又经过卷轴装书籍（见图1-8）、经折装书籍、蝴蝶装书籍、包背装书籍（见图1-9）、线装书籍到现代书籍的演变。随着造纸术的发明，人们对平面版面编排设计有了一定的研究，同时中国人凭借着纸张和木版印刷术的优势，形成了独特的版面风格，无论是封面还是扉页，都具有灵活多变的版面特征。这样既保证了整个版面的整体性，又体现了内容与形式的多样性。如图 1-10 所示，书籍版面区域划分为天头、地脚、订口、切口、版心等几个部分，天头、地脚较宽大。古籍书一般天头大于地脚，这是由于古人在读书时喜欢在天头处做批注或者写下心得。而在现代版面编排设计中，这种习惯经常被设计师打破，而追求独特的版面编排设计形式，如图 1-11 所示。

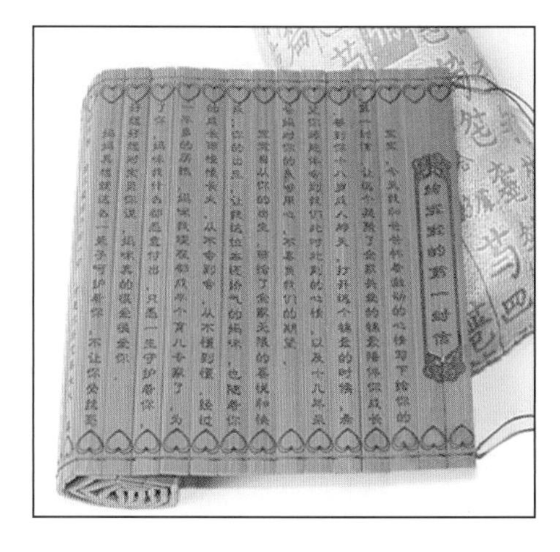

图 1-7　简册

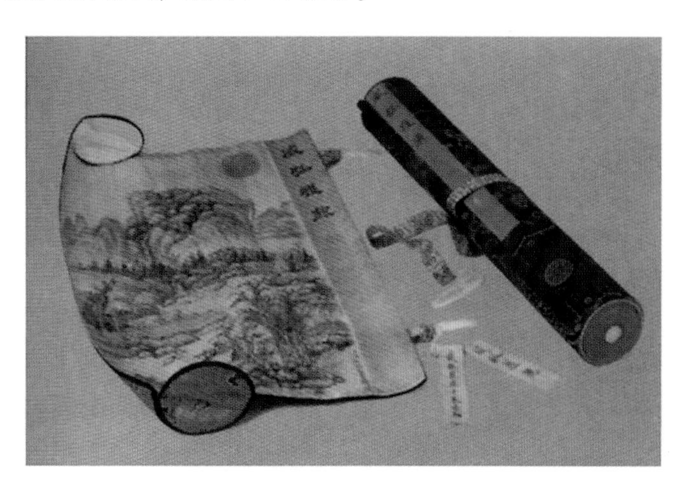

图 1-8　卷轴装书籍

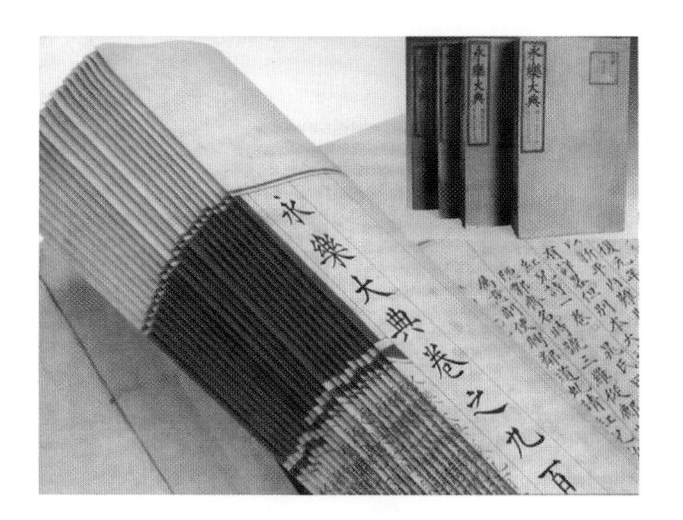

图 1-9　包背装书籍

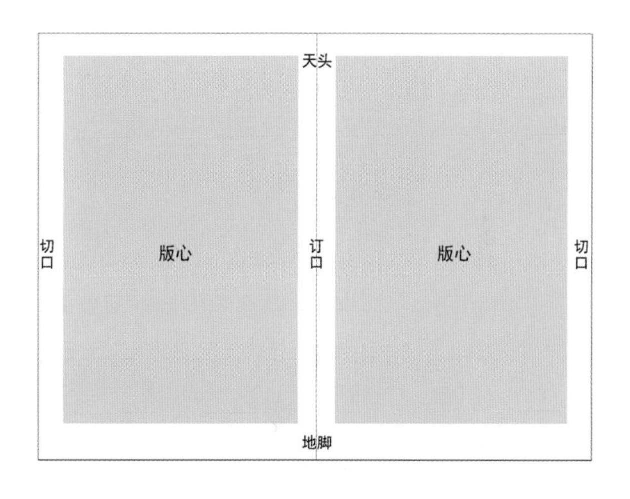

图 1-10　书籍版面区域划分

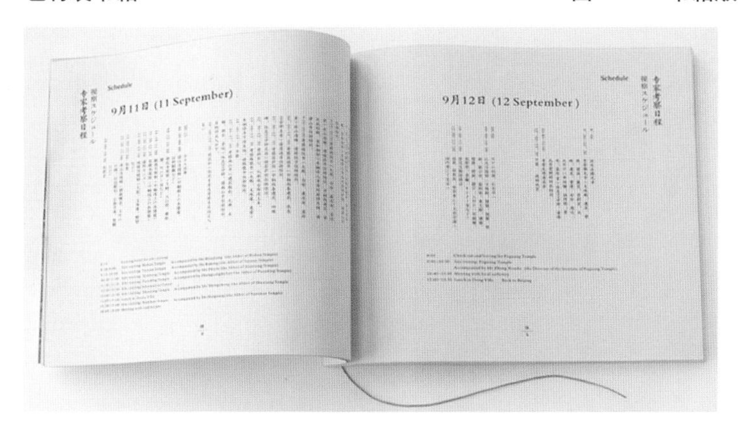

图 1-11　现代书籍内页版面示例

二、西方版面编排设计的发展 TWO

西方的版面编排设计在 19 世纪中期之前，除了在纸张和尺寸上有所改变外，在视觉上几乎没有任何变化。直到 1845 年，理查德·霍改良印刷机后，垂直版面编排才取得了主导地位。 这种版面通常以竖栏为基本单位，版面中文字、图片小，标题不跨栏。 到 19 世纪末，才完全突破栏的限制，文字横排，标题跨栏，大图也开始在版面上出现，而且增加了色彩,如图 1-12 所示。

进入 20 世纪后，特别是到了 20 世纪 60 年代，版面编排设计受到了空前的重视，版面以色彩和图片为基础，以图片和文字来传达信息，并且出现了留白，成为西方版面发展史上的重大转折,如图 1-13 至图 1-15 所示。

图 1-12　威廉·莫里斯的书籍内页版式

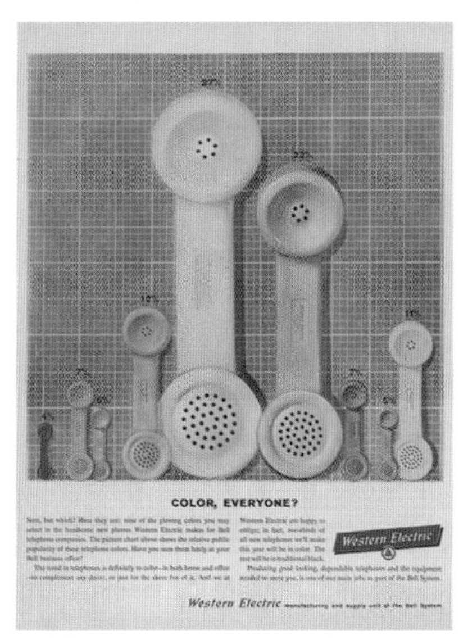

图 1-13　电话的海报版面

图 1-14　灯的海报版面

图 1-15　杂志版面

任务三

现代版面编排设计的特点

一、创意为先导　ONE

平面设计中的创意分为两种：一是针对主题思想的创意，二是版面编排设计的创意。将主题思想的创意与编排技巧相结合的表现手法，已成为现代版面编排设计的发展趋势。在编排的创意表现中，文字的编排具有强大的表现力，它能进行生动、直观、富于艺术的表现与传达。文字与图形的配置，已不是简单的、平淡的组合关系，而是具有更积极的参与性和创意表现性，文字能与图形达成最佳的配置关系来共同表现思想及情感。这种表现手法，给设计注入了更深的内涵和情趣，它既是版面编排形式的深化，又是形式与内容完美结合的体现。

图 1-16 是一个纯文字版面。在一个版面中如果文字过多，会让读者产生视觉疲劳，甚至不愿意去仔细阅读，而图 1-16 所示的这个版面就充分地体现了版面编排设计化腐朽为神奇的力量。版面编排设计通过对文字的色彩、大小和字号的合理调整，主题信息一目了然，同时也增加了读者的阅读兴趣。图 1-17 是杂志版面中的一角，一般这些边角都是被视为容易被人忽略、信息传达效果不好的版面区域，而设计师通过结合页面的开合把图形和文字巧妙地融入页面中，让它们感觉像是随意洒落在上面的符号，给人轻松、自然的视觉享受。

图 1-16　纯文字版面

图 1-17　杂志版面中的一角

二、个性化表现 TWO

在版面设计中，为了追求新颖独特的个性化表现，设计师会有意制造某种神秘、无规则的空间，或者以幽默、风趣的表现形式来吸引读者，引起共鸣。这是当今设计界在艺术风格上的流行趋势。这种风格摆脱了陈旧与平庸，给设计注入了新的生命。在编排中，除使用本身具有趣味的图片外，还进行巧妙的编排和配置，从而营造出一种妙不可言的空间环境。在很多情况下，虽然图片平淡无奇，但经过巧妙的组织后，可产生神奇美妙的视觉效果。图 1-18 中装饰图形从画面模特身上一直延伸到后面的背景上，让人在视线延伸的同时，也营造出一种特殊的空间效果。在图 1-19 这张商业广告图片的版面中，设计师通过独特的视角来巧妙组合画面中的场景，让人在欣赏清新画面的同时自然联想到广告宣传的主题。在如今这个视觉信息泛滥的时代，只有保持着创造力的作品才能赢得人们追随的目光。

图 1-18　装饰图形从画面模特身上一直延伸到后面的背景上

图 1-19　商业广告图片的版面

三、注重情感攻势　THREE

“以情动人”是艺术创作中奉行的准则。在版面编排设计中，文字编排设计是最富有情感的表现形式，如文字在“轻重缓急”的位置关系上，就可以体现出感情的因素，即轻快、凝重、舒缓、激昂。另外，在空间结构上，水平、对称，并置的结构可以表现严谨与理性，曲线与散点的结构可以表现自由、轻快、热情与浪漫。此外，出血版可以表现感情的舒展，框版可以表现感情的内涵，留白富于抒情，黑白则富于庄重、理性等。合理运用编排的原理来准确表达或清新淡雅，或热情奔放，或轻快活泼，或严谨凝重的情感，是版面编排设计更高层次的艺术表现，见图 1-20 和图 1-21。图 1-20 的版面大量留白，文字排列整齐，突出了品质感。图 1-21 采用中心发射构图，这样就使版面富有张力，热情活泼。

图 1-20　“深圳第 26 届世界大学生夏季运动会”招贴版面

图 1-21　2011 年世界大学生夏季运动会招贴版面

任务四

版面编排设计的功能

编排是一种有生命的、有性格的精神语言，相同的图形和相同的色彩，通过不同的编排可以表达完全不同的情绪和性格。平面设计作品编排完成后，它的诸要素之间的构成方式即定格为一种视觉信息要素了。作品在有效传达信息的同时还要保证读者阅读顺畅，并使阅读过程充满轻松、美好的感觉。版面编排的功能有以下几点。

一、强化受众的注意力 ONE

通常受众在接受平面媒介的信息时都是无意的，故版面编排设计时就要设法使受众从无意注意变为有意注意。

二、提高受众的感知度 TWO

通过设计版面中要素的轻重缓急、主次关系、视觉向导，使传达的信息清晰明了，便于受众解读。

三、追求良好的视觉效果 THREE

以良好的视觉传递的艺术效果为追求目标，能充分发挥视觉优势，有效地提高视觉传递的质量，如图1-22至图1-24所示。

图1-22中原版面只是对图文信息进行简单的罗列，并没有过多地处理图片与图片、图片与文字之间的相互关系。这种版面编排设计的宣传页不能有效地吸引读者的注意力，图形语言没有形成有效的传达。

图1-23中图片运用骨格式版面编排方法，整齐有序，给读者一个明确的阅读顺序，提高读者的理解度和阅读兴趣。同时放大了品牌名称，并安排其在图片区进行对比，达到强调的效果。为了配合图片的编排形式，文字采用居中编排，可以集中视线，使版面显得优雅。

图1-24中图片则运用自由的编排方式，根据图片内容的类型，对其进行大小、前后、上下的位置安排，可以达到主次清晰、层次分明，版面自由、有活力。

图1-22　宣传单版面

图 1-23　骨格式版面编排

图 1-24　自由式版面编排

任务五

版面编排设计的原则

在视觉传达设计中如此重视版面编排设计的最终目的就是让观者在享受美感的同时，顺利接受作者所要传达的信息。版面编排设计使版面有清晰的条理、明确的主题表现，能使版面达到最佳效果。

一、主题鲜明单一　ONE

版面编排要涉及的内容众多，图形、文字、色彩都是独特的视觉语言，但在组织版面的时候要分清主次，如果都是以醒目的形式出现，画面反而缺少了醒目的地方。主题鲜明单一能达到更好的传达信息的目的。保持版面编排有鲜明的主体，能够有助于提升读者对版面的注意力，增强版面的诱导力，增进读者对内容的理解，如图 1-25 至图 1-27 所示。

图 1-25 按照主从关系的顺序，将主题形象放大且编排在版面视觉中心，以产生强烈的视觉冲击效果。

图 1-26 将众多的文案信息作整体的组织编排设计，以减少散乱的文字信息干扰，增强主题形象的传达。

图1-27 在主体形象的四周大量统一用色，能使主题形象更加鲜明突出。

图1-25　主题鲜明单一的版面一

图1-26　主题鲜明单一的版面二

图1-27　主题鲜明单一的版面三

二、形式与内容统一　TWO

版面编排设计本身并不是最终目的，而是为了更好地传达相关信息。版面编排设计所追求的完美形式必须符合设计的主题思想的表达。这是版面编排设计必须遵循的原则及设计的先决条件。有形式没有内容，只有设计师自我陶醉的个人风格和与主题不相符合的文字和图形，作品是没用的；有内容没有形式，会降低传播质量，丧失读者群；只有形式与内容相互配合，保持和谐，并围绕主题精神进行设计风格的探索，版面的表现才能深刻感人。图1-28和图1-29为电影海报设计，版面中设计元素的编排方式使画面充满诗情画意，表现主题与广告创意完美结合，意境深远，在满足了观众审美需求的同时，也为产品树立了良好的形象，让观众对其产生信赖感。

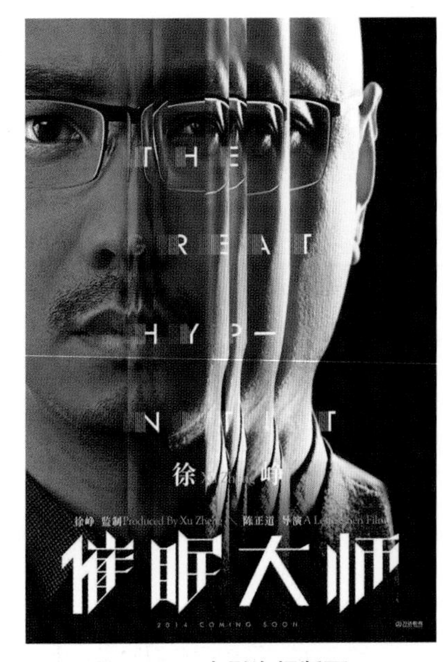

图1-28　电影海报版面一

图1-29　电影海报版面二

三、强化整体布局　THREE

将版面中的各种编排要素在编排结构及色彩上进行整体设计，以求达到最优的视觉传达效果。 即使是“散”的结构，也是设计中的精心编排。 而对于折页、跨页等多页面的设计，不可分开设计页面，否则会产生松散无形的效果，从而失去版面设计的整体性。

加强整体的结构组织和方向视觉秩序，如水平结构（见图1-30）、垂直结构（见图1-31）、倾斜结构（见图1-32）、曲线结构等。

图1-30　水平结构

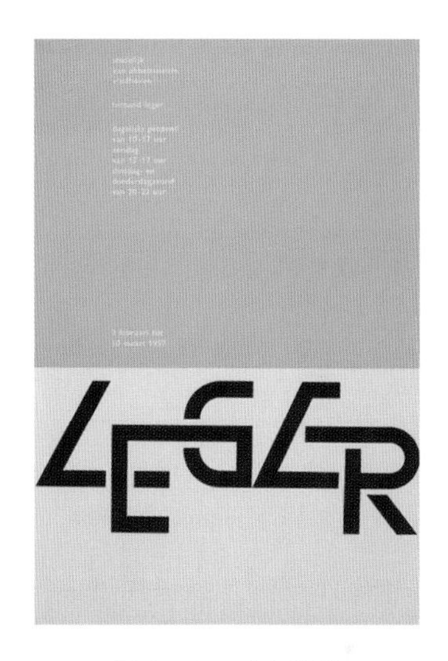

图1-31　垂直结构

加强文案的集合性，将文案中的多种信息组合成块状，增强版面文字的条理性和导读性。 文字群组的版面编排区域划分如图1-33所示。 对文案较多的广告版面，应根据轻重缓急对文案部分进行划分，根据功能的不同来区别对待，同时还应服从整体版面编排的需求。

加强展开页面的整体设计，无论是连页、跨页、折页，还是展开页的设计，均应为同一视线下的展开版面，这样整体的组织布局才可以获得整体的结构感、空间感和节奏感，以及整体的视觉效果。 图1-34中的跨页设计，色调统一，左右相互呼应，通过左文右图的对比来丰富版面的整体视觉效果。

图1-32　倾斜结构

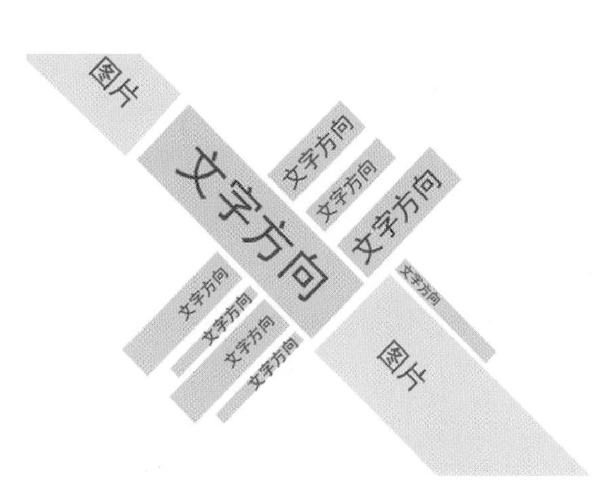

图1-33　文字群组的版面编排区域划分

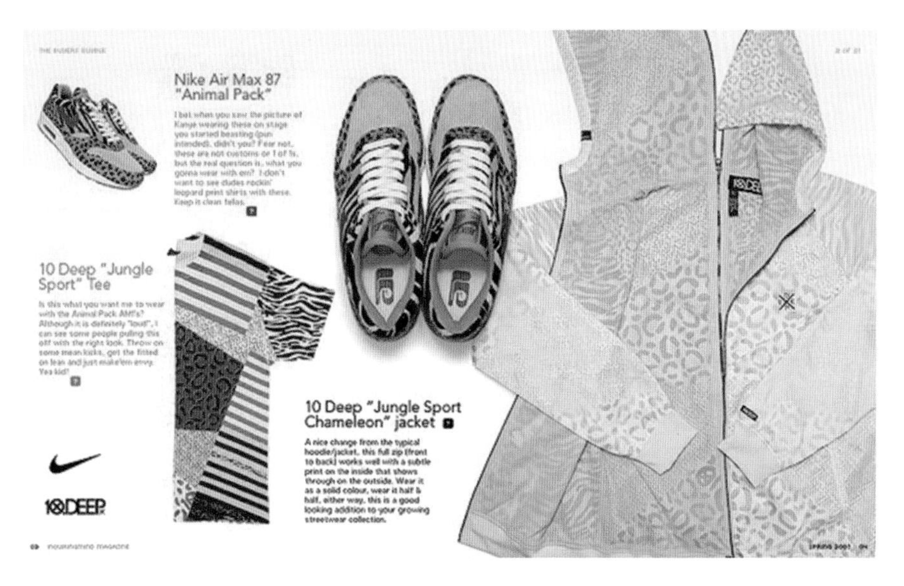

图 1-34　跨页设计

四、艺术与趣味并重　FOUR

为了使版面构成能更好地为版面内容服务，寻求合乎情理的版面视觉语言显得非常重要。构思立意是设计的第一步，也是作品设计过程中所进行的思维活动。主题明确后，设计版面的色图布局和表现形式等则成为版面设计艺术的核心内容，它也是一个艰辛的创作过程。想要达到意新而又形美、变化而又统一，并具有审美情趣，需要设计者有相应的文化涵养。版面构成设计是对设计者的思想境界、艺术修养和技术知识的全面检验。

版面构成中的趣味性，主要是指情境的形式美。这是一种活泼的版面视觉语言。如果版面中本无多少精彩的内容，就需要制造趣味，同时在构思中采用相应的艺术手法。版面充满趣味性使传达的信息更加生动，从而更吸引人、打动人。趣味性可通过采用寓言、幽默或抒情等表现手法来获得，如图 1-35 和图 1-36 所示。

图 1-35　宣传册版面

图 1-36　海报版面

五、坚持独创性 FIVE

独创性原则就是突出个性化特征的原则。鲜明的个性是版面构成创意的灵魂。如果一个版面都是由单一化与概念化的内容构成，那么它留给人们的记忆就不会有多少，也就更谈不上出奇制胜了。因此，要敢于思考，敢于别出心裁，敢于独树一帜，在版面构成的设计中多一点个性而少一点共性，多一点独创性而少一点一般性，只有这样才能赢得消费者的青睐。

图1-37为科学分析型个人简历的版面设计。简历的版面中将人物剪影安排在画面的中心位置，说明其重点在于对人物的介绍，文字则紧密围绕剪影来编排，分别使用了左对齐和右对齐的文字的编排形式，版面整齐有序，线条的运用提高了导读性，如此科学严谨的版面编排给人以信赖感。图1-38为朴素手写型个人简历的版面设计。看似随意的涂鸦，却能体现出设计者较强的对文字的编排能力和对整体版面的控制能力。这是纯文字版面的编排设计，它的设计者打破版面的单调性，在文字群与标题的编排中使用了多种组合方法，文字有轻有重、张弛有道、层次分明。这两份个人简历的设计体现出设计者的创意潜力。

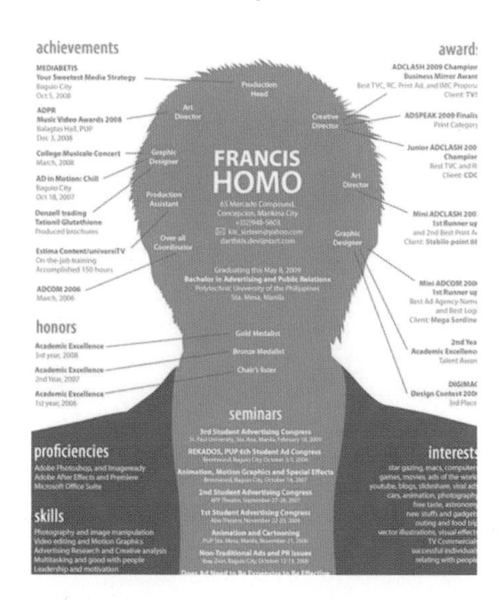

图1-37 个人简历版面一

图1-38 个人简历版面二

教学实例 明确版面编排设计的原则和功能

实例 杂志内页版面的设计实例

在进行版面设计时，版面编排的目的要明确，根据版面主题内容的需要，选择合适的编排形式，从而体现该版面的功能性特征，如图1-39至图1-44所示。

图1-39和图1-40中，采用大小图对比的方法，图版率高，图片的面积比也最大，其中内容较多的图片通过运用出血的形式，来保证整体效果不会因为图片被放大而显得内容空洞，另外两张则压在其上，整体版式主题突出、层次分明，且视觉具有跳跃性。

图1-41和图1-42中，原出血版被局部裁剪，从而达到突出画面主题的作用。另外两张以上下的形式相应地放大编排，整体画面的对比效果减弱，文字的色调加深，版面的视觉力量的竞争加强，进而丰富了版面的内容。整个设计视觉流程合理，信息传达明确。

图1-43和图1-44中图版率降低，图片的面积比达到均衡状态，图片间采用均匀的白色线条，使画面整洁

大方，同时通过在版面中大量留白，显示出高品质感。当图片被缩小使用时，图片的内容量减少，而以局部特写为主，能相应提高信息传达的准确度。

图1-39　版面编排实例一

图1-40　图文区域分布图一

图1-41　版面编排实例二

图1-42　图文区域分布图二

图1-43　版面编排实例三

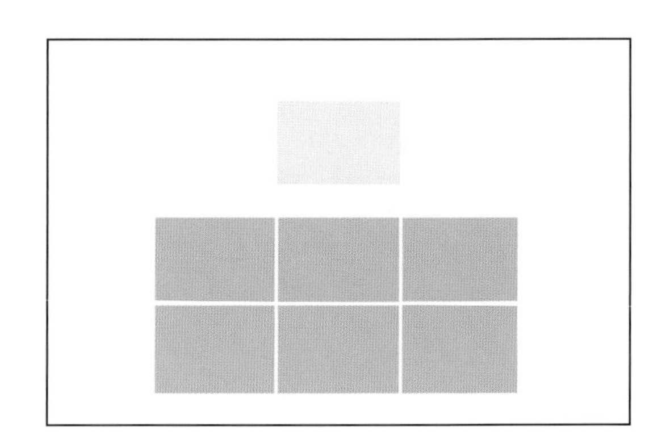

图1-44　图文区域分布图三

设计分析

分析1-1　图1-45是书籍的封面设计实例，版面编排上采用边角式的表现方法，通过大面积留白，表现出版面的精致感和品质感，留白部分也做了细腻的处理，使用凹凸的印刷方式形成特殊的纹理，这样能在享受视觉美感的同时带来特殊的触感。

分析 1-2　图 1-46 是 CD 封面的设计，通过采用倾斜的排版方式，打破版面的方正感，从而给版面注入动感因素。其字体设计独特，主标题与细小文字的穿插使得文字本身更加耐看，增强了设计感，图形的运用使版面的层次感加强，也加大了色彩间的对比，使文字更加突出。

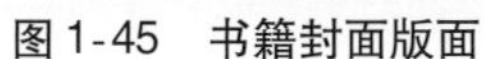

图 1-45　书籍封面版面

图 1-46　CD 封面版面

分析 1-3　图 1-47 为杂志封面的版面设计，其中以出血图片作为背景，给人以大气的感觉，文字则被有序地安排在图片视觉中心的四周和偏上的位置，标题文字更加醒目突出，且与图片中呈暖色的视觉注目点形成合理的视觉效果，达到信息传达的目的。版面整体形成均衡的形式美，这种编排方式是许多时尚杂志版面经常使用的方法。

分析 1-4　图 1-48 的招贴版面中图片的内容为局部特写，人物的眼神能牢牢锁住读者的目光，脸部的结构对文字版面进行了自然的划分，字体也选择了自由的手写体，能更好地和人物的脸部配合，同时也使读者形成特殊的心理感觉，其中几个放大的单词点明了主题，整体设计属于大胆另类的版面编排风格。

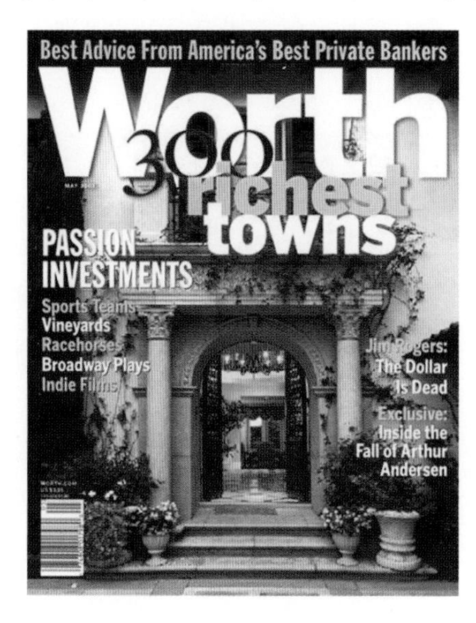

图 1-47　杂志封面的版面设计

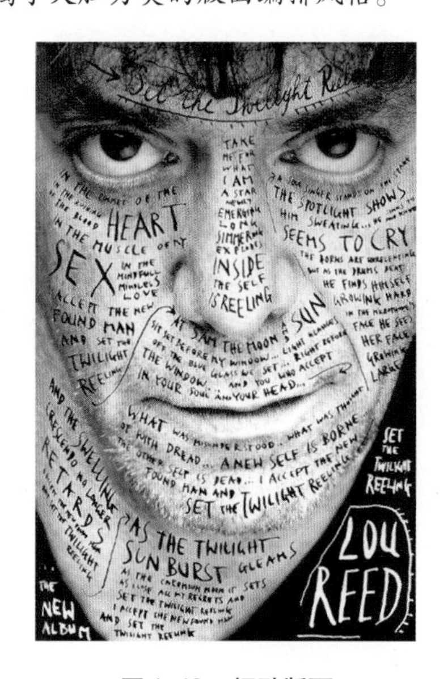

图 1-48　招贴版面

分析1-5 图1-49为歌剧招贴的版面设计，其中计算机绘制的图片增加了歌剧内容的神秘感，招贴中人物位置的安排告诉我们剧中人物的关系复杂危险，灯光聚焦在三个人物身上，使他们的矛盾冲突更加尖锐，而处在黑暗背景中的人物照片，也说明了此剧要交代的人物众多。整张图片表现细腻，同时在画面下部，文字以倾斜的方式介入，并以矩形色块作底色，打破了版面的上下连续性，突出了该剧的名字，并在中间放上一个放大镜，再次点明此剧是侦探破案类歌剧。

分析1-6 图1-50为商业平面广告设计，版面采用中心构图形式，四周统一用色，注目度较高，也使版面更具有品质感。装满牛奶的杯子的排列很有新意，与镜面上的倒影形成的造型让人联想到健康洁白的牙齿，由此说明该产品的功效。品牌名称与正文被编辑在版面最下方，主次分明，品牌名称的大小也达到可辨识的要求。版面采用深蓝色调，配合主题图形表现出稳重、成熟和值得信赖的感觉，树立了健康的产品形象。

图1-49 歌剧招贴的版面

图1-50 商业平面广告版面

课后练习

1. 搜集房地产广告版面设计作品、宣传单版面设计作品、杂志版面设计作品等。各种类型分别选择三幅并对其进行版面设计讲解。根据所学的版面编排设计的基本知识，详细讲解其版面设计中遵循的原则，以及其达到的效果，如图1-51和图1-52所示。

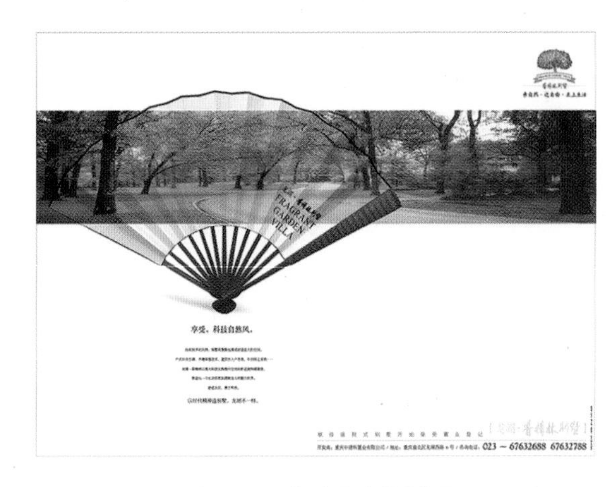

图1-51 房地产广告版面

图1-52 宣传单版面设计

2. 设计一个手机宣传单的版面，要求版面信息主次分明，并合理处理图文的关系，满足版面设计的要求，体现良好的产品形象。 手机宣传单版面如图 1-53 所示。

创意思路　首先，对所宣传产品进行市场调查，确定适用人群，突出产品功能；其次，针对其优点进行广告创意策划；再次，搜集并拍摄合适的图片，整理文案，提炼广告语；最后，把设计元素合理地安排在版面中，注意版面图版率的利用。

图 1-53　手机宣传单版面

项目二
版面编排设计的基础知识

BANMIAN BIANPAI SHEJI（DIERBAN）

Cologne Art Fairs
Continue Their
New Deal Course

课程内容

本项目以版面设计（或版面编排设计）的基本构成元素、版面设计的编排形式法则、版面设计的视觉流程为主要内容，详细介绍了版面设计的基础知识。

知识目标

掌握版面设计的构成规律和方法，培养对版面设计的艺术感知能力和造型表现能力。

能力目标

了解版面设计的构成要素和视觉元素，掌握编排形式法则和视觉流程设计。

任务一

版面设计的基本构成元素

点、线、面是版面设计的基本构成元素，通过点、线、面的多种不同的形态组合，可以产生多种不同的表现手法和形象。

在二维空间中，点的数量、大小及空间秩序排列的形式，线的粗细、曲直，面的大小、虚实的对比关系等，在经过编排设计之后，点、线、面就会成为极具表现力的设计元素，如图2-1所示。

点的空间秩序的产生，使得版面中能够有各种不同的视觉效果。例如在版面设计中，一个色块、一个标点符号都可以看做是一个点。线的粗细、曲直、方向都体现着它的性格特征。例如版面中的一行文字、一行空白，也都可以理解为一条线。面的大小、空间、虚实、位置等不同的构成形态也会让人产生不同的视觉感受，甚至点的密集或者扩大，线的聚集或者闭合都会产生面。

点、线、面是构成平面视觉空间的基本元素，这些元素的构成与融合可以产生各种表现形式的艺术作品，如图2-2所示。

图2-1　点、线、面的版面一

图2-2　点、线、面的版面二

一、点的构成　ONE

在所有二维平面的设计构成中，点是最基本和最重要的元素。点的面积是相对而言的，可以是任何形状，是相对于线和面存在的视觉元素。点在版面设计中有多种排列方式，不同构成形态的组合可以给人带来完全不同的视觉感受，如图 2-3 所示。

二、线的构成　TWO

在版面设计中，线是决定版面形象的重要元素，更强调方向与外形。不同类型的线具有不同的性格特征，例如：水平线具有平稳、明快、通畅、速度的特点；垂直线具有挺拔、庄严、力量、运动的特点；曲线则具有感性、优雅、柔美、节奏感强的性格特征等。

线可以组成任意的画面和图形文字，也可以赋予画面各种不同的视觉空间感受，如对比、分割、均衡等。线与线之间的排列可以使画面具有节奏感，线的放射、渐变的排列可以表现出三维空间的视觉感受，如图 2-4 所示。

图 2-3　点在版面编排中的运用

图 2-4　线在版面编排中的运用

三、面的构成　THREE

在二维空间中，面可以是点的聚集或线的移动轨迹。在版面设计中，面比点、线的视觉冲击力更大，面的不同形状会给人带来不同的心理感受，它具有长度、宽度和形状的特征。

在版面设计中，面的排列要考虑形状与面积的对比、空白与文字的对比、面积与面积的对比等因素，这样才能取得好的效果。只有处理好各种形状的面之间的相互关系和整体协调性，才能设计出实用和富有艺术美感的版面设计作品，如图 2-5 所示。

在设计版面时，点、线、面是设计者最主要的考虑因素。设计者要精心地考虑和设计，将点、线、面进

图2-5　面在版面编排中的运用

行合理的排列组合，善于把握它们之间不同的表现形式和情感关系，这样才能设计出具有最佳视觉效果的版面，如图2-6所示。

版面设计不同于一般的创意，必须服务于设计的主题思想。优秀的版面设计往往是将各种编排元素融为一体，以整体的形式与张力传递出设计者想要表达的视觉信息，从而突出作品的原创主题，使之更具有艺术感染力。

图2-7中的版面设计构成富有艺术趣味，有着很强烈的设计意识，采用夸张的色彩对比的手法表现出不一样的视觉效果。

图2-6　商业广告版面

图2-7　充分运用对点、线、面的组织和排列来设计的版面

图2-8版面中富有趣味的构成，有很强烈的设计意识，采用夸张的艺术形象和对比的手法来传达不一样的视觉效果。

图2-9版面的装饰因素是文字、图形、色彩等，通过点、线、面的组合与排列构成，并采用象征的手法来体现视觉效果，既美化了版面，又增强了传达信息的功能。

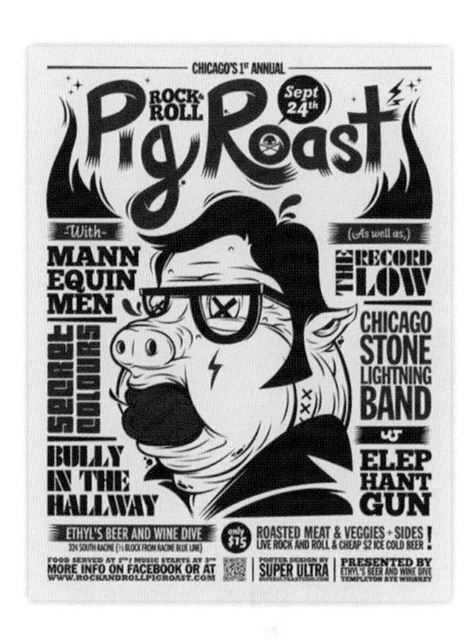

图 2-8　富有趣味的构成

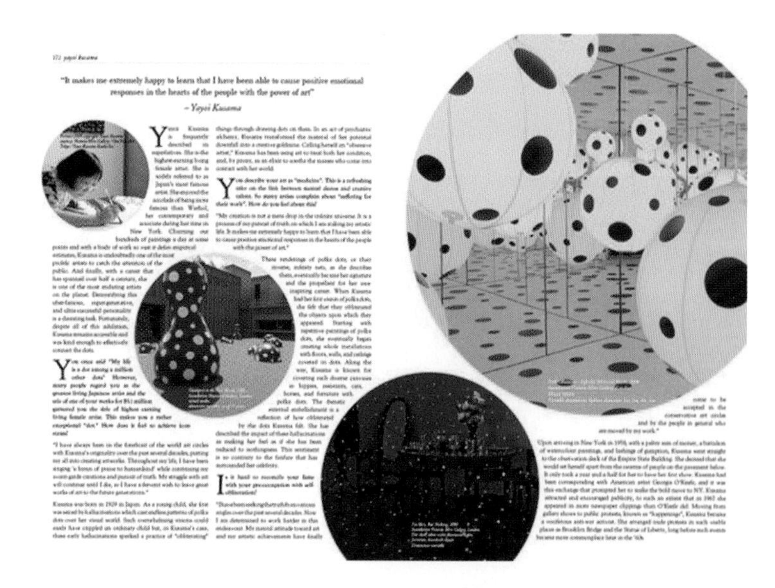

图 2-9　杂志内页版面

图 2-10 和图 2-11 表达的主题明确，版面的色彩、图案的布局和表现形式为版面设计的重点，达到变化而又统一的视觉效果，赋予版面丰富的文化内涵。

图 2-10　点、线、面构成版面一

图 2-11　点、线、面构成版面二

任务二

版面设计的编排形式法则

在美学中，根据人类美感的共通性所定出的美的原则称为美的形式法则。版面设计中的编排形式法则，是造型艺术中共有的美的规律和美的法则，但在版面设计中有其独特性。它既是客观事物的反映，又不完全是自然的真实再现，而是同其他艺术形式一样，注重形式美、构成美和合理性。学习版面设计，掌握其形式法则并在设计中进行应用非常重要，如图2-12与图2-13所示。

图2-12 杂志内页版面一

图2-13 杂志内页版面二

一、单纯与秩序 ONE

单纯的概念包含简练的基本元素和简明的版式结构。基本元素是版面中的各种文字与图形元素，但这些元素的使用如果过于复杂，没有重点，就会阻碍视觉效果的传达。基本元素的简单化组合，可以使版面获得有秩序和明确、完整的视觉效果，如图2-14和图2-15所示。

图2-14中简单的图形和色彩是构成该版面的基本元素。版面简单清晰，很好地突出了该版面设计内容的重点，产生的视觉效果强烈。

图2-15中重复使用单纯元素，并利用色彩和造型的变化进行版面的组织和编排，整体效果好，重点明确，版面有秩序。

图2-14 版面中单纯与秩序的运用一

图2-15 版面中单纯与秩序的运用二

版面结构是指版面的编排方式，编排越是简单明了，版面的整体性就越强，视觉冲击力就越大，反之，编排方式越复杂，版面秩序就越混乱。

图2-16和图2-17为俄罗斯莫斯科银行的企业年报设计，其中运用了简单的图形和色彩元素，通过不同版面设计的组织排列，版面简单明了，整体效果好，也突出体现了企业所想要表达的文化内涵。

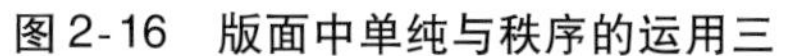

图2-16　版面中单纯与秩序的运用三

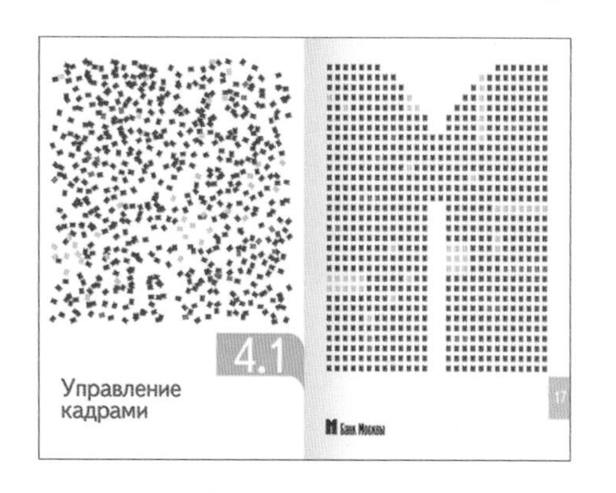

图2-17　版面中单纯与秩序的运用四

在实际设计中往往受到条件的限制，版面中的图形及文字元素的多少不是由设计者来决定的。因此，必须遵循先简后繁的设计原则，尽量化繁为简，使版面设计呈现出完美的视觉效果，如图2-18和图2-19所示。

图2-18　单纯与秩序版面一

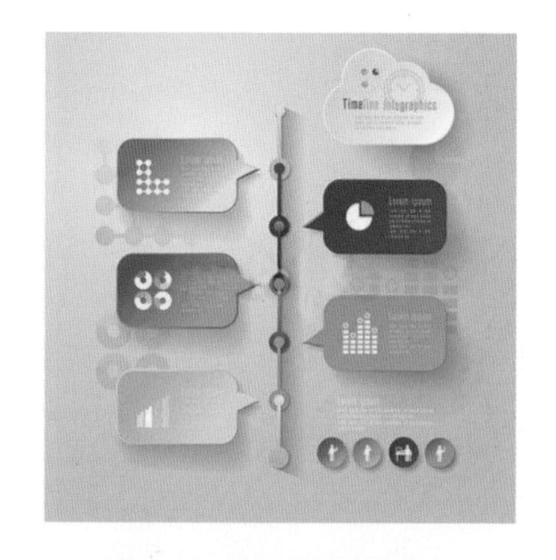

图2-19　单纯与秩序版面二

图2-20中文字和图形的编排简洁、有秩序，整体性很强。

图2-20　宣传单版面

二、对比与调和 TWO

艺术形式中的对比因素很多，包括大小、方向、位置、曲直、黑白、明暗、疏密、虚实等。在版面设计中，无论字与形、形与色等都存在着对比关系。对比关系归纳起来有大小对比、主次对比、强弱对比、动静对比、疏密对比、虚实对比、色彩对比等，它们之间相互联系，并存于版面之中。各元素之间的对比关系越清晰鲜明，其对比程度就越明显强烈，如图2-21和图2-22所示。

图2-21以大面积的黑色背景为主，与黑白图形对比强烈。文本开头的字母“T”用超大字号与正文的小字号文字形成了鲜明的对比，整个版面信息元素统一协调。

图2-22版面中强烈的色彩和留白处的对比处理、文字的组织排列使版面既和谐又充分突出主题，其中对字体部分的处理是使整个版面达到调和的关键。

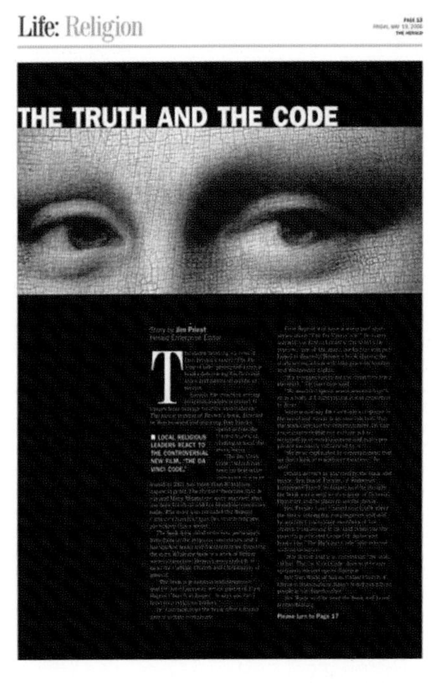

图2-21 版面中对比与调和的运用

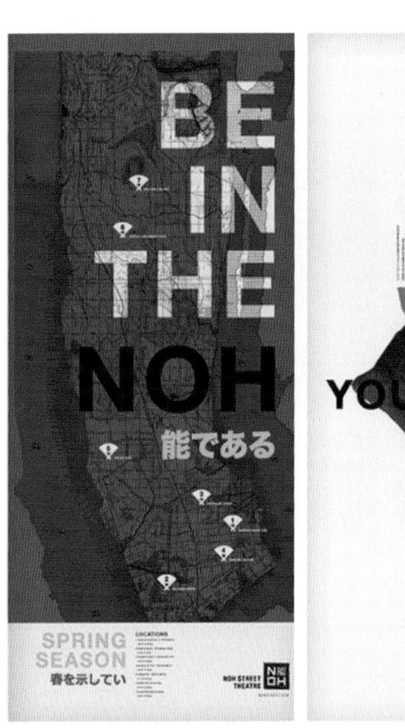

图2-22 对比与调和版面一

若两种同类元素相似，则对比的刺激感减弱，就能产生某种共性和同一性，使两者在各个元素之间寻求相互缓和或相互协调的关系，这也是人们在生理和心理上的一种本能的平衡需求。调和可以产生视觉上的美感，为了达到调和的目的，各元素之间的统一是十分必要的：如黑与白是一对对比十分强烈的颜色，而存在于两者之间的灰色便是两者的调和色；在造型上，线的粗细与形状的大小都会影响美感，但造型能一致的话，也能产生调和感。

版面设计中，在有对比的同时又要追求调和。对比是寻求差异，产生冲突；调和是寻求共性，缓和矛盾。两者互相依存、矛盾统一，形成版面设计形式上的美感，如图2-23和图2-24所示。

图2-23中大量灰色的运用，使整个版面联系紧密，不规则的版式排列也丝毫不显松散。

图2-24中具有强烈民族特色的图案和大面积高纯度色彩的对比，带来浓郁的文化特征。版面主题鲜明刺激，统一的红色调既烘托出了主题本身的文化内涵，又起到了调和版面的作用。

图 2-23　对比与调和版面二

图 2-24　对比与调和版面三

三、对称与均衡　THREE

对称是指图形或物体相对应的两边的各部分,在对称轴或对称点两侧形成等形、等量的对应关系，在大小、形状和排列上具有对应的关系。

自然界中的许多事物都具有对称的造型，比如建筑、人体、蝴蝶等。 对称可分为完全对称和不完全对称两种，前者具有很强的整齐感与秩序感，后者则是在统一中寻求变化的对称，如图 2-25 所示。

图 2-25　左右对称的版面

图 2-25 是以对称轴为中心的图案。 通过在造型和色彩上加以变化，对称图形也能给人以生动的感觉，而不显得呆板生硬。 该图中文字的组织也是以对称的形式，整个版面统一又有变化，均衡又不乏稳定的秩序感。

版面设计中的对称更多表现的是视觉上的直接对应，它具有简单重复的形象特征，以及明显强烈的标准、匀称、稳定的感觉，是人们欣赏艺术作品时的一种心理需求，但也容易给人呆板欠生动的印象。

均衡是通过整体的经营布局来达到平衡的效果。 均衡不只是表象的对称，它更多地体现在视觉心理的分析和理解上，它是一种富于变化的平衡与和谐，使作品形式在稳定中富于变化，因而显得活泼生动，如图 2-26 和

图2-27就是既矛盾又统一，既对称又均衡的版面样式。图2-27中相同元素不同大小和色彩的图案组合，对称版面的分割，等量的图案与文字的排列，是典型的对称均衡的版面设计。

图2-26　对称与均衡版面一

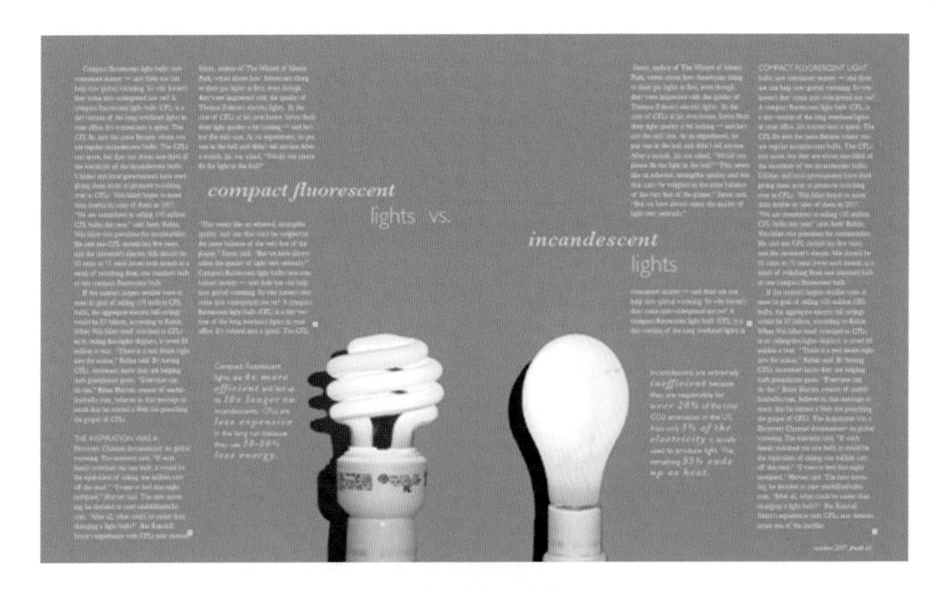

图2-27　对称与均衡版面二

四、节奏与韵律 FOUR

节奏与韵律均是指在秩序中创造规律性的变化，是“变化与统一”原则下的矛盾统一体。

节奏是有规律的重复，是在不断重复中产生的频率的变化（在视觉上可以理解为面积对比和明度对比的反差变化），如果这种变化小则为弱节奏，变化大则为强节奏。艺术作品中的节奏具体体现在线条、色彩、形体、声音等因素的有规律的运动变化上。艺术作品中的节奏不仅能引起欣赏者的生理感受，而且能引起心理情感活动，或使人在视觉上感受到动态的连续性，进而产生节奏感。图2-28中的图形文字在排列位置上有着强烈的韵律节奏，让读者产生较独特的阅读感觉。图2-29为有秩序的组织排列的图案，其既有节奏感又不会显得过于规律而缺乏韵律感。

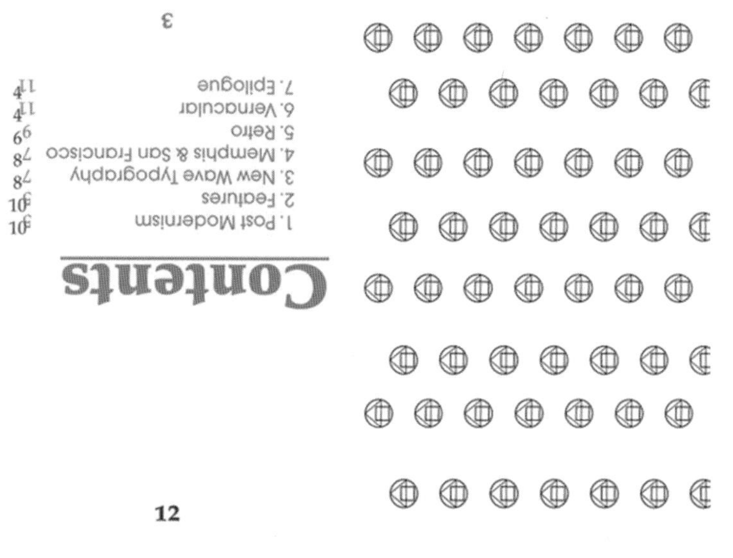

图2-28 节奏与韵律版面一

图2-29 节奏与韵律版面二

韵律是一种和谐美的格律，“韵”是一种美的音色，“律”是规律。韵律是指动势或气韵的有秩序的反复，是通过节奏的重复而产生的。其中包含着近似因素或对比因素的交替、重复，在和谐、统一中包含着更富于变化的反复。在版面设计中，图形、文字、色彩等元素在组织上合乎某种规律时所产生的视觉心理上的节奏感，即是韵律。若节奏的变化太多或太强，会破坏韵律的秩序美。图2-30的版面中图案、文字、色彩等元素是有规律和节奏组织起来的，既有韵律又不会破坏画面的秩序。

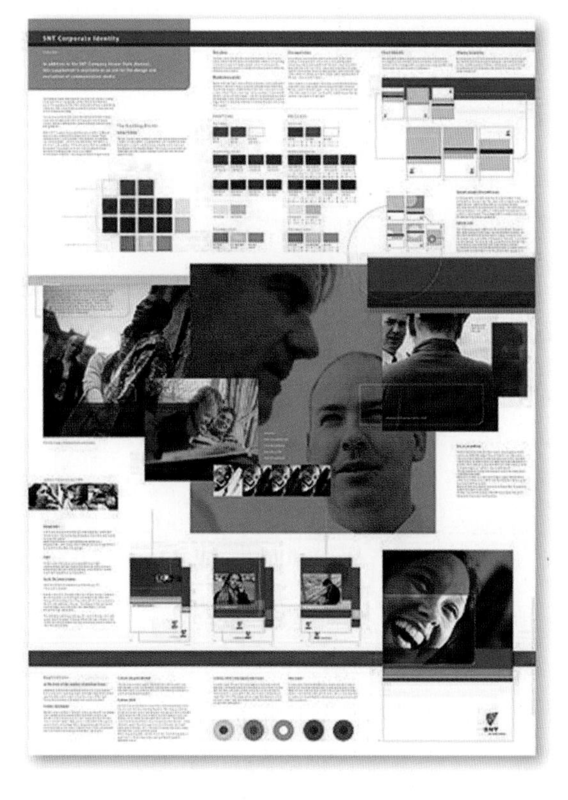

图2-30 节奏与韵律版面三

五、虚实与强弱 FIVE

在中国传统美学中有“形得之于形外”之说。

版面中的虚是实的衬托，虚可以视为空白，也可以视为细小脆弱的元素。为了强调主题，可以有意将其他部分削弱为虚，甚至虚为空白。巧妙得当的虚，可以更好地烘托实，这是版面设计中不可忽略的重要法则，如图2-31和图2-32所示。

图2-31中醒目的黑体文字标题强调了版面主题，与后面的弱化了的图案形成了虚实强弱的对比。

图2-32所示版面中黑色的背景给人无尽的想象空间，白色的文字与图案和黑色背景构成了强烈的虚实对比。

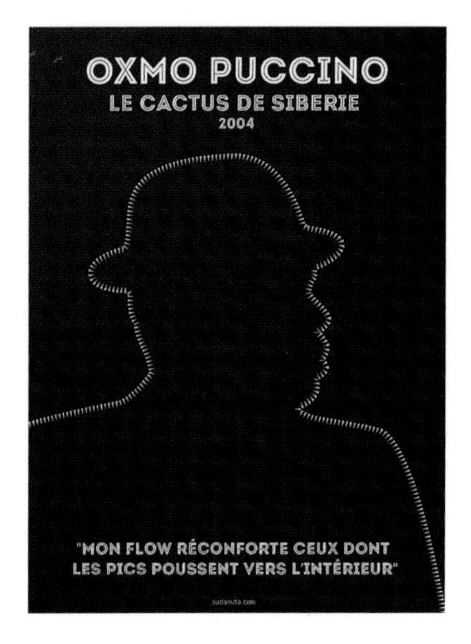

图2-31　虚实与强弱版面

图2-32　版面中虚实与强弱的运用

虚实的具体运用则应根据版面设计的对象而定。一般来说，报刊类读物的版面只能虚少实多；画册、广告类读物的版面，则可虚多实少，如图2-33和图2-34所示。

图2-33　杂志封面版面

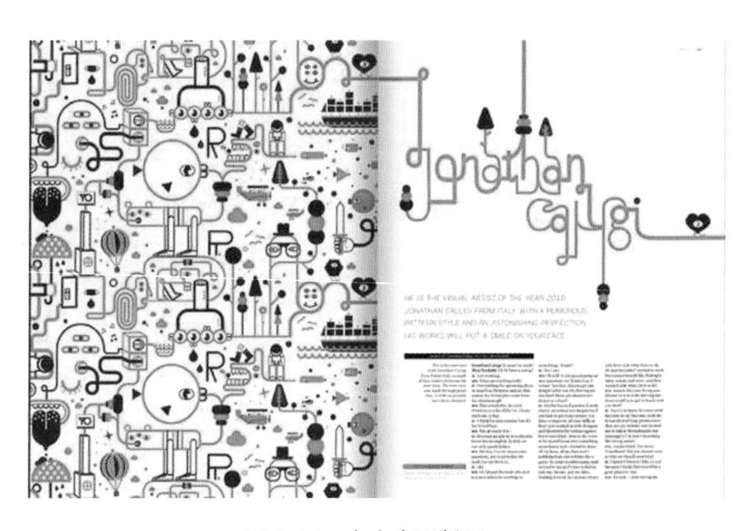

图2-34　杂志内页版面一

图2-33中一目了然的大标题，明确传递出表达的内容，整个版面用大面积的色彩来突出表现主题，图片和文字运用韵律、节奏的表现形式来衬托版面的主题，达到虚实结合的效果。

图2-34中整版的图形组合和在空白版面上延伸出的图案有着明确的关联，文字的组织排列同整版的图形也形成了虚多实少的虚实强弱的关系。

在上述法则中,单纯与秩序是为了求取有机的整体，对比与调和是为了求取强调的效应，对称与均衡是为了求取稳定的因素，节奏与韵律是为了求取情调的愉悦，虚实与强弱是为了求取陈述的主次。通过学习版面设计的形式法则，既可以帮助我们克服在设计中的盲目性，又可以为设计前的思考提供丰富的内涵。

为了便于讲述，所有的形式法则都人为地进行了归类，但在实际应用中这些法则都是相互关联、共存的。

任务三

版面设计的视觉流程

版面设计的视觉流程是指在流动的空间里，让视线随着各种视觉元素沿一定轨迹移动的过程，这也是视觉的运动规律。大部分人在欣赏艺术作品时，都会产生一个较为相同的视觉移动顺序。首先，读者视线扫视整个版面以对整个版面有一个大致的了解和初步的印象；其次，视线很自然地就停留在了最吸引人的地方，也是读者最感兴趣的地方；最后，视线移动，直至最后看完整幅作品。简单地说，这个看的过程就是版面设计中的视觉流程。其实，这也是由人的生理视觉特性所决定的。因为人类眼球的晶体构造特点，肉眼只能产生一个视觉焦点，因此一个人的视线是不可能同时停留在两处或两处以上的地方的，人们迫不及待地首先注意到的地方，往往就是画面的视觉中心。

视觉流程是直接影响版面设计视觉传达效果的重要因素，想要准确地把信息传递给观众,在版面设计中就必须要有正确合理的视觉流程设计。图2-35中杂志内页版面包括了完整合理的视觉流程设计。

图2-35 杂志内页版面二

成功的版面设计，应该让人们产生一个视觉顺序。好的视觉流程设计，能够引导观众的视线按照设计者的意图来决定看的秩序，同时以合理的顺序和最有效的观看方式向观众传递最佳的视觉效果，而这个顺序则是由画面视觉中心的位置来决定的。一般情况下，一幅画面有一个视觉中心，还有相对次要的视觉点，通过这些来使整个画面的视觉形成关联，并形成视觉流程的先后顺序与构图的主次关系。

那么在视觉空间中流动的视线，就是贯穿整个版面设计的主线，这种视觉流动线的设计极为重要。视觉流程的编排应整体、有规律、脉络清晰，这样才能更好地引导读者的视线，达到版面的最佳视觉效果。

视觉流程大致可分为以下几种形式：线向视觉流程、导向视觉流程、散点视觉流程、复向视觉流程、最佳视域。

一、线向视觉流程 ONE

线向视觉流程主要是通过在视觉空间中的视线的不同方向的指引，产生一条清晰的线向脉络贯穿于版面。它简单明了，且具有强烈的引导和指引方向的效果。线向视觉流程分为直线视觉流程和曲线视觉流程两类。

1. 直线视觉流程

版面设计中的直线视觉流程更为简单直观，可以直接地表现出主要内容，能产生简练干脆的视觉效果。直线视觉流程表现为以下三种形式。

（1）竖向视觉流程。在版面中有一条或若干条竖向视觉线贯穿于版面中，指引人们的视线自然地从上到下来回地浏览，常给人以直观流畅的感觉，清晰、明确、简单、坚定的感受，如图2-36所示。

（2）横向视觉流程。在版面设计中常用横向视觉流程引导人们的视线从左至右移动，从而产生平稳、有条理的感觉，同时也传达出稳重、可靠的视觉感受，如图2-37所示。

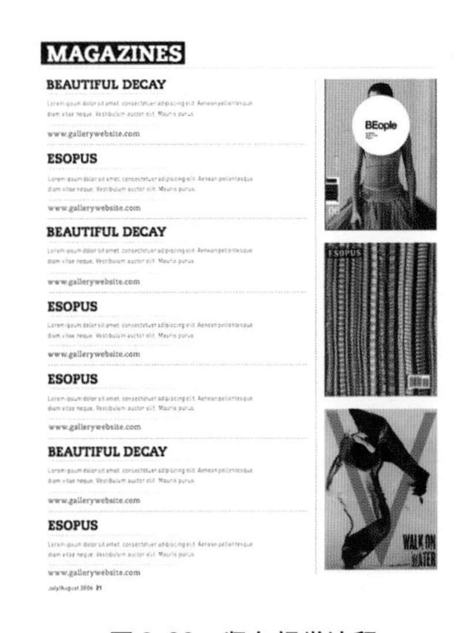

图2-36 竖向视觉流程

图2-37 横向视觉流程

（3）斜向视觉流程。视觉流程中的斜向视线是最不稳定的，因为其视觉指向独特，向不同的方向流动，会把视线往斜向上引导，同时以其不稳定的形态引起人们的注意，使版面产生动感，还可以更有效地烘托主题，这样往往更能吸引人的视线，如图2-38所示。

2. 曲线视觉流程

版面设计中的曲线视觉流程虽然不如直线视觉流程直接简明，但更具韵味、节奏和曲线美，其含义深广，构成丰富。它可以是弧线形“C”，具有饱满、包容和方向感；也可以是回旋形“S”，其具有无限的变化，能使形式与内容达到完美的结合，在版面设计中增加深度和动感。“C”形曲线视觉流程如图2-39所示。

图2-38　斜向视觉流程

图2-39　“C”形曲线视觉流程

二、导向视觉流程　TWO

导向视觉流程主要是通过引导元素，引导读者的视线按一定的顺序和方向移动，并由大到小、由主及次，把版面中的各个构成要素按顺序连接起来，形成一个视觉整体；同时，突出重点，条理清晰，发挥它的信息导向功能。它也是最具活力、最具动感的流畅型视觉流程。

版面设计中的导线，虚实结合，形式多样，如文字导向、手势导向、指示导向及形象导向等。

（1）用文字的导向因素进行版面的视觉流程设计是最为简单实用的，如图2-40所示。

（2）手势的导向也是设计师常用的视觉导向元素，它的特点是轻松自然、生动有趣，如图2-41所示。

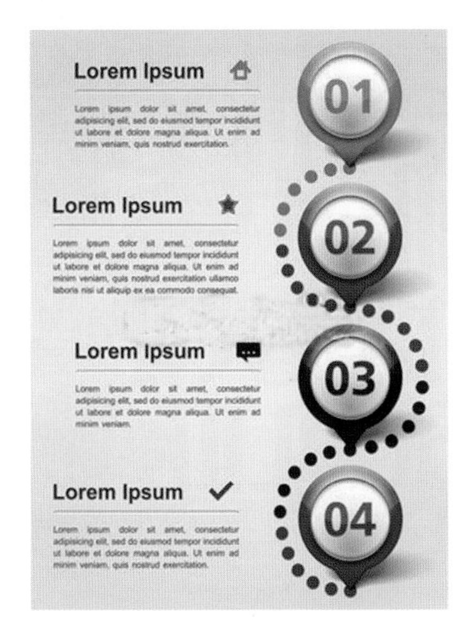

图2-40　文字导向的视觉流程

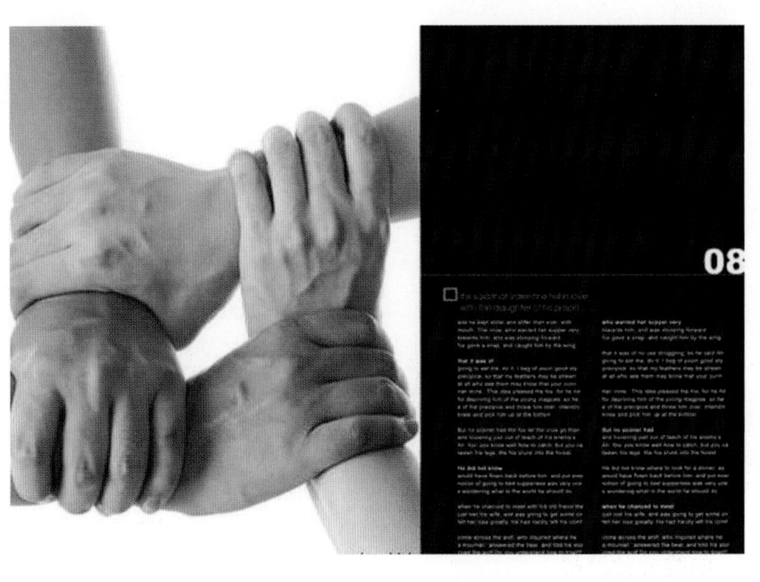

图2-41　手势导向的视觉流程

（3）指示导向的视觉流程是运用箭头所示的方向，使视线移动的导向明确，形成目标主题，给人以醒目、强烈的视觉感受，如图 2-42 所示。

（4）形象导向的视觉流程通过把观众的视线引向主题，有效地增强了画面重点的凝聚力和注意力，如图 2-43所示。

当然，有时在版面中并无明显的导向元素，但读者仍能从巧妙的版面设计中感觉到视觉流程的存在。

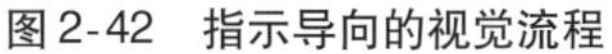

图 2-42　指示导向的视觉流程

图 2-43　形象导向的视觉流程

三、散点视觉流程　THREE

散点视觉流程是最强调版面视觉个性化的一种表现形式。它注重情感性、自由性和随意性，追求一种新鲜、刺激的视觉感受。在版面设计中，图形与文字之间形成自由分散的编排状态。它强调自由随机性、感性、偶然性、空间感和动感，常表现为较随意的编排形式。它的阅读过程不如直线、弧线等视觉流程快捷，但更生动有趣。也许这正是版面设计刻意追求的轻松随意与慢节奏的效果，这种设计方式在国际上运用得较为广泛，如图 2-44 和图 2-45 所示 。

图 2-44　散点视觉流程一

图 2-45　散点视觉流程二

四、复向视觉流程 FOUR

复向视觉流程主要是指把相同或相似的版面视觉要素进行重复的、有规律的排列，使其产生有秩序的节奏韵律，从而起到加速视觉流动的功效。其中包括：连续视觉流程，采取将图形连续构成的方式，产生一种回旋的气势，其特殊的审美风格能增加记忆度；渐变视觉流程，包括图形与文字元素的渐变，能形成强烈的视觉动感，给人流畅与愉悦的感觉；近似视觉流程，把相近似的图形编排在版面中，营造出版面的一种情理之中、意料之外的氛围，如图 2-46 和图 2-47 所示。

图2-46　复向视觉流程一

图2-47　复向视觉流程二

五、最佳视域 FIVE

在画面上，视觉中心往往是对比最明显的地方，稀有的元素往往因为对比而显得异常突出。动与静、大与小、黑与白、具象与抽象，以及位置、数量等一切容易被理解的其他因素，在各自的艺术形式中都可以成为视觉中心。心理学家认为：在一个限定的范围内，人们的视觉注意力是有差异的。注意力价值最大的地方是中上部和左上部。上部让人感觉轻松和自在，也是视觉中心对比最明显的地方，下部和右侧则让人感觉到稳重和压抑。版面上部的视觉力度强于下部，且左侧的强于右侧的。这是人们在长期的生活中形成的视觉习惯，也正是这种自然的习惯形成了一定的视觉流动规律。

（1）一般画面中间部分的图形和大面积的图形较易成为视觉中心，如图 2-48 所示。

（2）画面中强弱、色彩等对比强的部分较易成为视觉中心，如图 2-49 和图 2-50 所示。

每个页面都有一个视觉焦点，它是在版面设计中需要重点处理的对象。视觉焦点与版面的编排、图文的结合及色彩的运用有关。在视觉心理的作用下，焦点视觉流程的运用能使主题更为鲜明、强烈。

按照主从关系的顺序，将主题形象放大而成为视觉焦点，以此来表达主题思想，如图 2-51 所示。

多向视觉流程违背视觉流程的一般规律，它通过将文字与图形分开，或者把版面的重心放在版面的下面和角落等异常部位来寻求另类的视觉效果。从整体布局来看，多向视觉流程会产生一种与众不同、标新立异的效果，具有很强的视觉冲击力，如图 2-52 和图 2-53 所示。

根据这些视觉原理，重要的信息、文字、图形等都应该放在“最佳视域区”，以便能在最短的时间内抓住读者的视线。

图2-48　大面积图形成为版面视觉中心

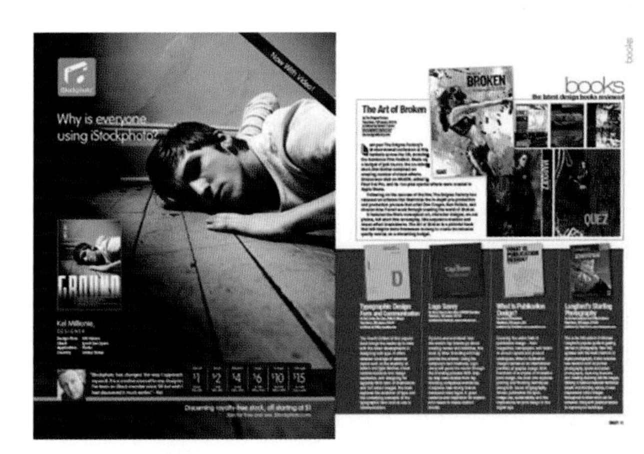

图2-49　强弱对比点成为视觉中心

图2-50　色彩对比点成为视觉中心

图2-51　特异形象成为版面视觉中心

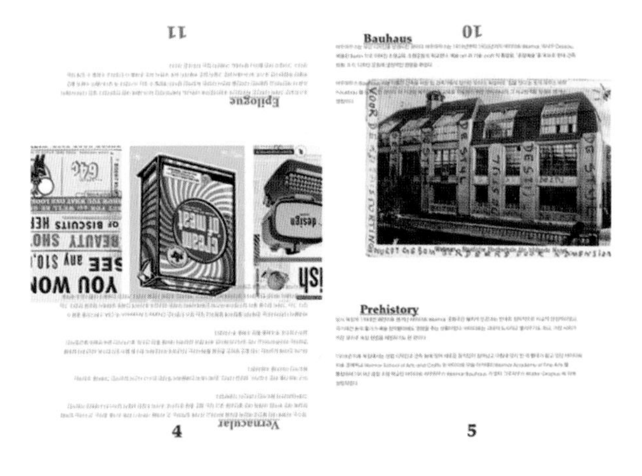

图2-52　多向视觉流程一

图2-53　多向视觉流程二

教学实例　体会图形与文字的组织编排形式

通过对版面设计的编排形式法则的学习，了解图形与文字之间的组织编排形式，学会将同类视觉元素进行区域安排，并强调版面设计视觉个性化的表现形式。 图片与正文的关系在编排上依据分类合并原则，其大小尽量调整为一致，减少图片大小变化的次数，以强调疏密变化；同时运用互补色块的对比效果，表现出强烈的自由性和随意性，追求新鲜、刺激的视觉效果。

图2-54的版面编排形式统一，图片与文字、色彩相互衬托、互相穿插以达到信息传递的目的。图片与文字之间运用整齐平均的编排形式，并使用醒目的大标题来强调主题内容，信息传递明确生动。

图2-55的版面忽略了信息元素间的整体关系，图片的风格和类型没有统一编排，图片与文字组合混乱，信息元素间的排列过于散乱和分离，画面的层次又不够丰富。因此，信息元素之间如果过多重叠和穿插交错，反而会阻碍信息的传递，使信息在传递过程中出现混乱和模糊。

图2-54 主次分明、具有秩序性的版面编排

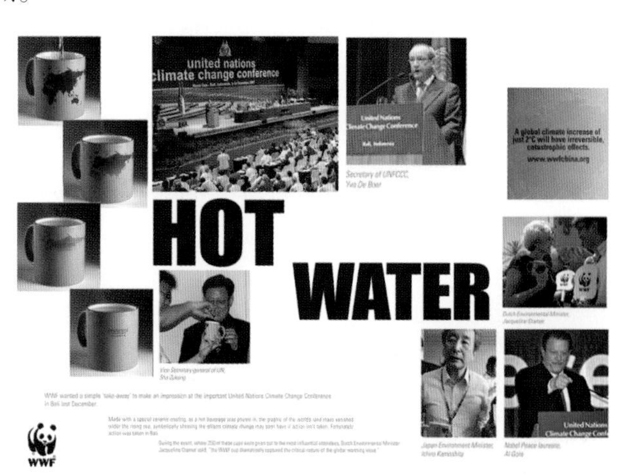

图2-55 组合混乱的版面编排

设计分析

分析2-1 图2-56的版面中利用相似的视觉要素进行组织排列，使其产生秩序的节奏韵律，大面积的图形成为版面的视觉中心。

分析2-2 图2-57中图形占了整个版面相当大一部分的面积，其装饰性极强，图形与文字的结合也显示出其独特的艺术魅力。

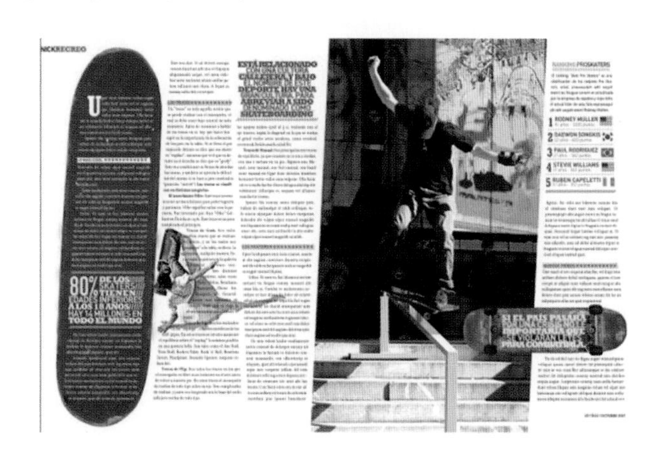

图2-56 杂志内页版面三

图2-57 杂志内页版面四

分析2-3 图2-58为典型的竖向视觉流程的排列，却被画面左边出现的横向图形和文字给打破了，这种编排方式使整个版面具有独特的创意和趣味性。

分析2-4 图2-59用文字、图形、色彩来组织排列出整个版面的视觉导向，把主题形象放大成为视觉焦点，以此来表达主题思想。

图 2-58　杂志内页版面五

图 2-59　杂志内页版面六

分析 2-5　图 2-60 通过图形元素来引导读者的视线按一定的顺序和方向移动，把版面中的两部分构成要素连接起来，形成一个视觉整体。其重点突出、条理清晰，是具有信息导向功能的视觉流程。

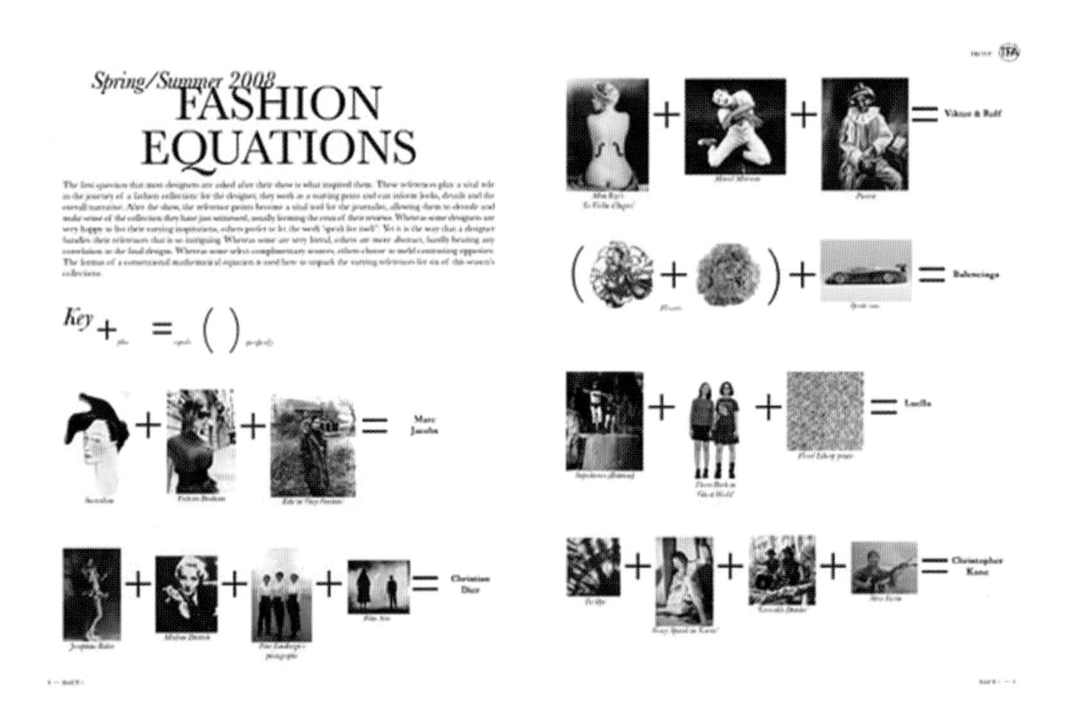

图 2-60　图形元素引导

课后练习

1. 运用点、线、面等形态要素设计版面，注意抽象元素在版面中的作用。抽象元素如图 2-61 和图 2-62 所示。

创意思路　在设计版面时，首先要确定主题，也就是确定需要传达给观者的信息；其次收集关于信息表达的素材，包括文字、图形图像等，其中文字信息应表达得直接、有效，并且应该简洁和切题；最后根据具体需要确定视觉元素的数量和色彩关系。在设计中应该有整体意识，从而来确定版面中各个视觉元素的类型和布局。

2. 设计报纸的版面，如图 2-63 和图 2-64 所示，结合版面中视觉流程的编排方式来进行设计。

（尺寸：210 mm ×297 mm 或 210 mm ×210 mm）

图 2-61　抽象元素一

图 2-62　抽象元素二

创意思路　报纸的版面编排设计应该便于读者阅读，注意大标题在版面上的位置、大小、色彩要突出。要求在版面中充分考虑读者的阅读方式和流程顺序，在设计中能够体现出视觉流程设计对于版面设计的重要性，并体会视觉流程在版面信息传递上的作用。

THE TIMES

nwl.com

MONDAY FEBRUARY 26, 2007

RIDGE EDITION

2 GUNNED DOWN IN GRIFFITH

Hammond man among victims in shooting outside bar; 3 in custody

'The Departed' is best picture

BEST LEADING ACTOR

BEST LEADING ACTRESS

BEST SUPPORTING ACTOR

BEST SUPPORTING ACTRESS

BEST DIRECTOR

OTHER WINNERS

QUOTABLES

Storm puts thousands in the dark

Case highlights gambling's grip

图 2-63　报纸版面一

THE STORY OF

mint

Saluting a rich past

MANAGING EDITOR'S NOTE

What you can expect in Mint

Design for the always-on generation

NINE VISUAL HIGHLIGHTS

图 2-64　报纸版面二

项目三
文字与图形的版面构成

BANMIAN BIANPAI
SHEJI（DIERBAN）

课程内容

本项目主要介绍版面编排设计中涉及的文字和图形（图、图片或照片），通过对版面编排设计中文字和图形的类型及编排方法的学习，了解文字和图形在版面编排设计中具体的表现与运用。

知识目标

通过对本项目内容的学习，了解文字和图形等各元素在版面编排设计中的运用原则，以便在版面编排设计中形成全局观念，关注各个设计元素之间的关系，并根据设计意图合理处理设计元素。

能力目标

透过现象观察本质，熟悉各种字体和字号的使用范围，能够灵活运用各种编排手法，有协调统一版面的能力，能独立快速地完成版面编排设计任务。

任务一 文字的编排构成

文字是运用视觉形象来表达思想的符号，其本身就是内容与形式高度统一的范例。作为版面编排设计中的重要元素，文字是人们交流和传达信息的主要媒介。在版面编排设计中，文字一方面作为承载信息的媒介，另一方面则作为符号存在于整个版面中，这就要求版面中的文字既要有传递信息的功能，又能满足形式上的要求。

一、字体的风格与选择 ONE

字体是指文字的风格样式，也可以理解为文字的一种表达方式。不同的字体有着不同的风格和特点，对字体进行风格分类有助于设计师抓住字体之间的微妙区别，以便以一种全新的方式对文字进行编排，并进一步为所设计的项目选择合适的字体。不管是哪种类型与风格的字体，选择的前提是要与版面中的文本内容相协调。

版面编排设计中的字体主要有印刷字体和创意字体两种类型，如图3-1至图3-4所示。

印刷字体 宋 体　　设计字体
印刷字体 黑 体　　设计字体
印刷字体 圆黑体　　设计字体
印刷字体 楷 体　　设计字体

图3-1 中文印刷字体与设计字体范例

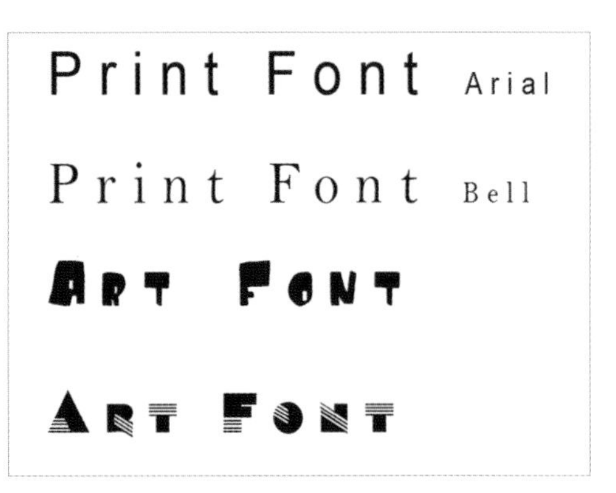

图3-2 英文印刷字体与设计字体范例

图3-3 印刷字体为主的版面

图3-4 设计字体为主的版面

印刷字体是指供排版印刷用的规范化文字形体。印刷字体有很多种不同的设计，且每种字体都有独特形态，各有特点。一般中文文章字数多，设计起来比较难，但数码技术的进步，以及印刷技术的数码化，使得数码字体制作起来比较容易，因而中文字体的数量逐渐增多。比较常用的中文字体有宋体、黑体、楷体、圆黑体等，它们虽然普通却很耐看。宋体典雅工整、严肃大方，是中文印刷字体中使用时间最长且应用最广的一种，无论是用于标题还是正文都给人精致独特的感觉，近年来宋体出现了多种不同粗细的变化，拓宽了其应用的范围。黑体庄重有力、朴素大方，是现代设计中较大众化的字体之一，常用于标题或者放在醒目的位置。圆黑体由黑体演变而来，风格活泼而有流动感，有强烈的时代气息，是较为人们喜爱的一种新字体。三种字体的编排如图3-5至图3-7所示。英文字体种类较多，比较常用的有罗马体、巴洛克体、现代自由体等，而且英文字体的变体形式繁多，因而能传达不同的视觉感受，其应用也较为广泛，如图3-8所示。

图 3-5　宋体的编排

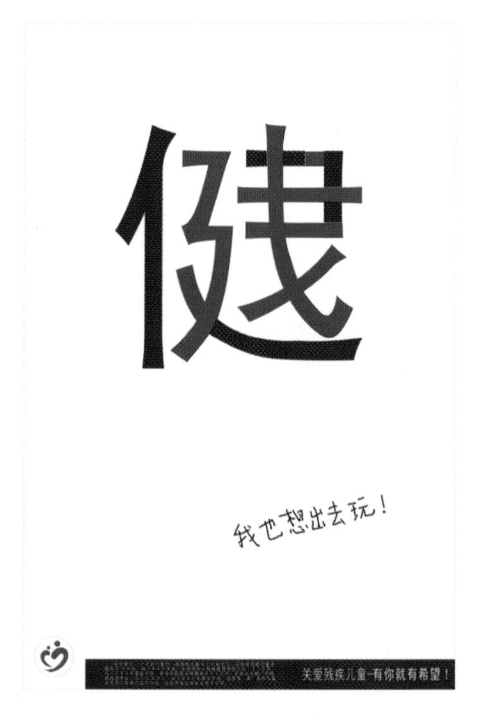

图 3-6　黑体的编排

图 3-7　圆黑体的编排

图 3-8　罗马体及英文设计字体的编排

设计字体是指在文字原有基本结构的基础之上对其进行有针对性、有目的的形体设计。把文字拉长、压扁，使笔画变粗或变细等是较简单的设计方法。复杂的设计方法有形态变化、笔画共用、图文结合、改变笔画特点等。设计字体一般多用于标题或文本中比较重要的文字，但在一个版面编排设计中不宜运用过多的设计字体，否则会让版面显得杂乱无章、没有中心。字体设计的原则是在保证字体可读性的前提下对其进行符合文本内容和版面创意主题的设计。图 3-9 中为书籍《守望三峡》的封面设计，首先跃入眼帘的是似字非字的狂草

“守望三峡”四个字，其造型能产生“一石激起千层浪”的效果，让读者从而对三峡的变迁产生一种去了解的冲动，此时小小的宋体书名已不是重要角色了。 图3-10 为 CD 光盘的版面设计,标题文字“cut out”用几何图形的组合和剪切的方法创作，其造型饱满、概括，与所承载媒介的外观相似，同时它还与其他文字共同组成矩形信息群，整个版面简洁，信息传达集中。

图3-9　书籍封面版面中的中文设计字体

图3-10　CD 版面中的英文设计字体

在一个版面中，字体控制在四种以内能取得最佳的视觉效果，超过四种则会使版面显得杂乱，缺乏整体感。 要想得到版面视觉上的丰富和变化的效果，只需将有限的字体进行加粗、变细、拉长、压扁处理，或者调整行距，或者改变字体的大小。 三种字体版面如图3-11 至图3-13 所示。

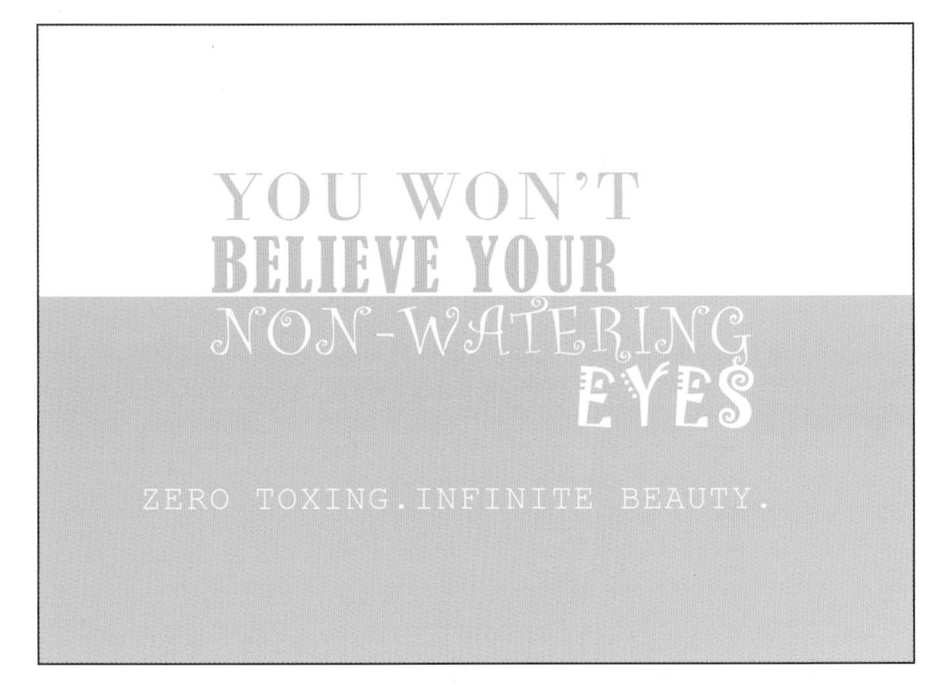

图3-11　使用多种字体，导致版面过于零乱

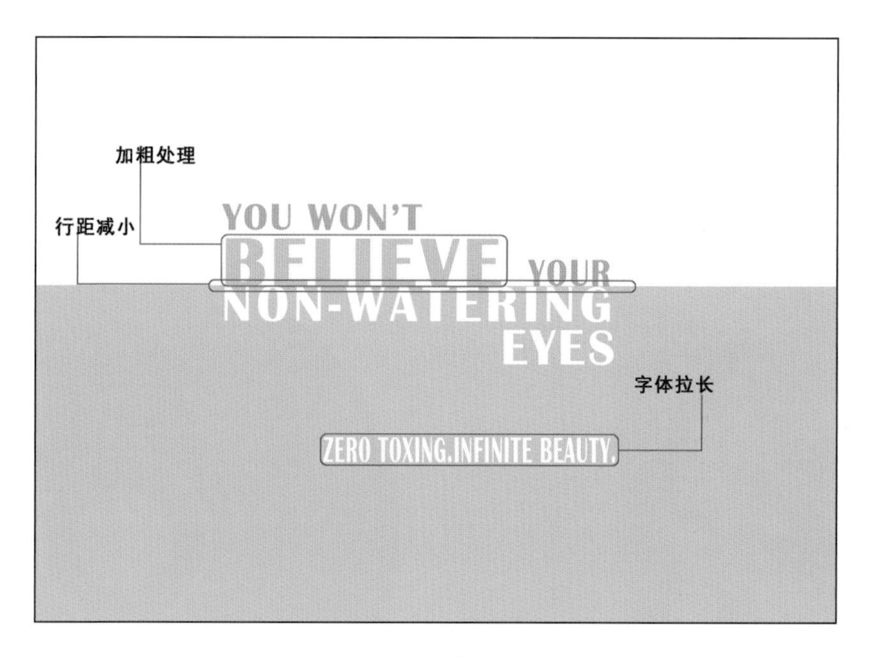

图3-12　调整示意图

图3-13　用一种字体同样可以获得丰富的视觉效果

二、字号、字距和行距 TWO

计算机中字体面积的大小一般用号数来表示，所以字体的大小简称“字号”。版面中采用不同的字号是为了区分不同的文字信息，并进行版面中文字信息群的建立和信息重要程度的合理划分。一篇文章中的大标题一般采用最大的字号、最粗或最独特的字体来表现它的重要性，然后根据阅读的需要依次减小字体的字号，从而实现方便阅读的视觉效果，如图3-14所示。

图3-14　杂志内页不同字号的灵活编排

字距指字与字之间的距离，通常计算机录入的文字的字距都设定有固定格式，这种设置对正文来说是可以的，但对标题等特殊字体就需要设计师进行人为的修正，以弥补视觉上的缺陷，如图3-15和图3-16所示。

图3-15　标题文字的变化组合　　图3-16　标题文字的间距调整

行距指文章中行与行之间的距离，行距的设计最能体现文章的整体气质。 通常处理长篇文字的原则是字紧行松，这样会显得有条理感。 字距和行距过紧，上下左右的文字会相互干扰，阅读时容易串行; 字距和行距过宽，会使文字成为一个个单独的元素，脱离了行，成为可辨识的独立的造型，难以辨识字词。 这些编排文字的方法都会影响阅读的速度和效果，如图3-17至图3-19所示。 字距和行距是设计风格和设计师素质的表现。 字距和行距的设置，首先要方便阅读，其次则应在符合阅读心理学的前提下进行合理的编排。

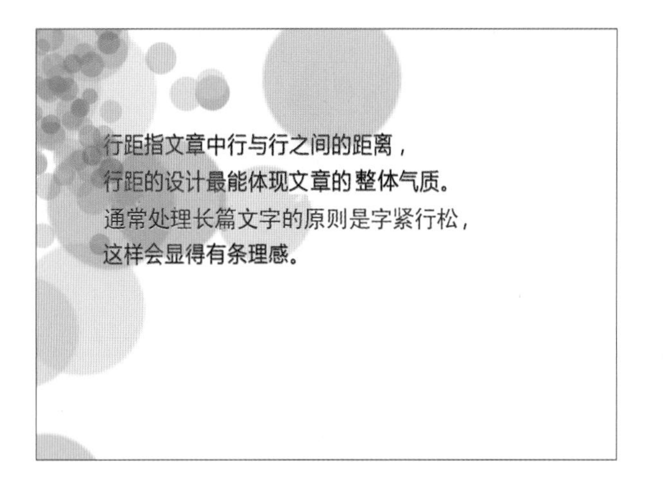

图 3-17　字距和行距合适

图 3-18　字距和行距过大

图 3-19　字距与行距过小

除了常规的比例外，字距和行距的大小是依据主题内容的需求而定的。它们的大小能影响读者的心情和阅读速度，图 3-20 是杂志内页文字的版面编排，其中的文字较多，且都是印刷字体，故采用常规字距比例，同时在段落之间空一行作分段处理，以满足杂志文字版面的编排需求。图 3-21 中的文字以设计字体为主，字体的结构特征较饱满，在编排中应相应地增大字距和行距，避免文字出现粘连的现象，增强版面的可读性。

图 3-20　杂志内页文字的版面编排

THE BAND REMAINS CHARMINGLY HUMBLE, DESPITE THE NOTION THEY ARE BECOMING A FLAGSHIP OF SORTS FOR AUSTIN'S INDIE SCENE

图 3-21　设计类书籍内页文字的版面编排

三、文字的编排形式　THREE

在各种读物中，文字的编排设计可以增强视觉传达效果，增强作品的表现力。通过有目的地进行文字的编排与设计，以及调整文字与图形的相互关系，可以使设计作品更富有艺术感染力，更能吸引和打动读者，并且能更清晰、更有条理地传达作品的内容。

常用的文字编排形式有以下几种。

1. 左右均齐

文字从右端到左端的长度一致，组合形成统一长度的直线，使文字段显得端正、严谨、美观。左右均齐的版面可分为横向排列和纵向排列两种。

（1）横向排列。横向左右均齐的字体排列方式在书籍、报刊中最常见。如图 3-22 中的版面整洁、庄重、可信度高。

（2）纵向排列。在大多数传统书籍和仿古书籍中会用到纵向编排的方法，给人“上下均齐”的视觉效果。图 3-23 的版面气质传统而独特，让读者感受到一种文化意蕴。

2. 齐中

文字群以中心线为轴线，两边文字的字距相等。其主要特点是：视线更集中，中心更突出。这种编排方式更适合于标题的编排，它会使整个版面简洁、大方，同时给人高格调的视觉感受（见图 3-24）。

3. 齐左或齐右

齐左和齐右的编排方式空间感比较强，使文字段既飘逸又有节奏感。齐左或者齐右在行首会自然产生一条明显的垂直线，能更吸引视线。其中，文字齐左编排更符合人们的阅读习惯，让人感到自然，而齐右编排则并不常见，使用齐右编排法会使版面具有新颖的视觉效果，如图 3-25 和图 3-26 所示。

图 3-22　文字横向左右均齐的编排

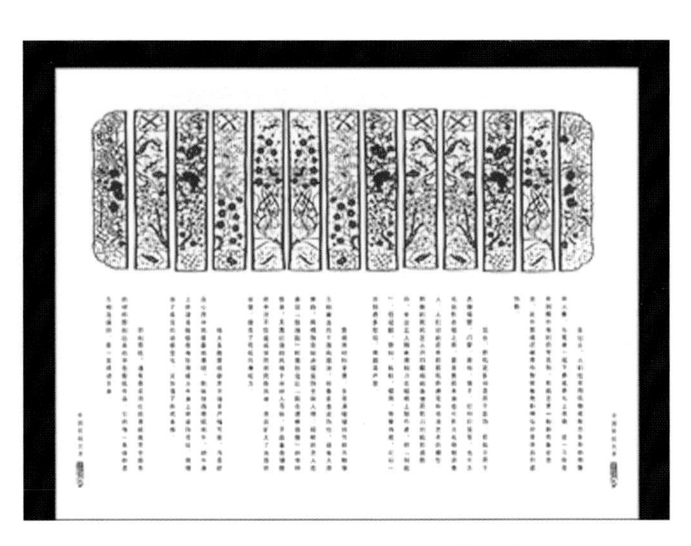

图 3-23　文字纵向上下均齐的编排

图 3-24　文字齐中编排

图 3-25　文字齐左编排

图 3-26　文字齐左、齐右编排

图 3-27　文字聚集成图形一

4. 文字图形化

把文字群直接围绕图形的边缘排列，使之形成一个特定的图形。这种将文字绕图排列的手法亲切自然、融洽生动，版面形式感强。文字图形化的编排是版面的形式与内容结合的最好体现，在设计感较强的艺术类书籍和平面广告中是较常见的表现形式。图 3-27 和图 3-28 中由文字聚集形成具体的图形，使本身很普通的图形由此变得新颖，且更有趣味性。图 3-29 中则是将点围绕在文字的边缘，形成虚体文字，使文字的表现更加活泼、生动、富有创意。图 3-30 是通过文字色彩深浅的变化形成人物的造型。

文字在编排过程中也可以进行创意设计，除了上面提到的常见的编排形式，还有比较独特的形式如倾斜式、旋转式、渐变式、突变式、发射式等，如图 3-30 至图 3-34 所示。文字作为点、线、面等编排设计中的基本要素，其可以扮演的角色是非常丰富的，能起到平衡画面、强调重点、增加版面跳跃感等作用。

图 3-31 中文字的倾斜编排与水平编排形成对比，且由于字号和颜色的区分，让文字的阅读有了一个明确的先后顺序。

图 3-28　文字聚集成图形二

图 3-29　点聚集成文字

图 3-30　通过文字色彩变化形成图形

图 3-31　倾斜式文字编排

图 3-32 中文字呈放射状，并伴随着大小的渐变，增加了画面的空间感，起到了集中视线的作用。文字的渐变可以是颜色深浅的渐变、形体清楚与模糊的渐变、肌理粗糙与光滑的渐变等，具体采用哪一种，要根据版面的整体创意进行编排设计。

图 3-33 中文字“hello”采用突变的创意设计，“O”被与其形似的图形替代，这样既可以强化注意力，又增强了文字的趣味性，同时还与右页面上的图形内容相呼应。

图 3-34 中，文字以段落群为单位，主题文字做强调处理，并没有雷同现象，极大地丰富了文字版面的视觉效果。

图 3-32　放射式文字编排

图 3-33　图形型文字编排

图 3-34　突变文字编排

任务二

图形的编排构成

人类自从发明了印刷术以后，随着印刷技术和手段的不断提高，文字已不是信息传达中的唯一“语言”，而图形（图、图片或照片）则以其自身的传递优势被称为当今的“第三语言”。图形在版面中已经成为不可或缺的一部分，无论是整个版面的主要点还是次要点，图形在信息的传达和交流过程中都起到很关键的作用，在视觉表现上能达到文字所不能达到的效果。

一、图形的类型 ONE

图形能以多种形式进入到版面编排中，下面重点介绍三种类型。

1. 方形图

方形图是指画面被直线方框切割形成的图形，是较常见且简洁大方的图形类型。方形图有庄重、沉静的品质感，因而它与文字在版面编排中有较好的搭配效果，所以它也是现在宣传物设计中应用较多的形式之一，如图3-35和图3-36所示。

图3-35 方形图版面

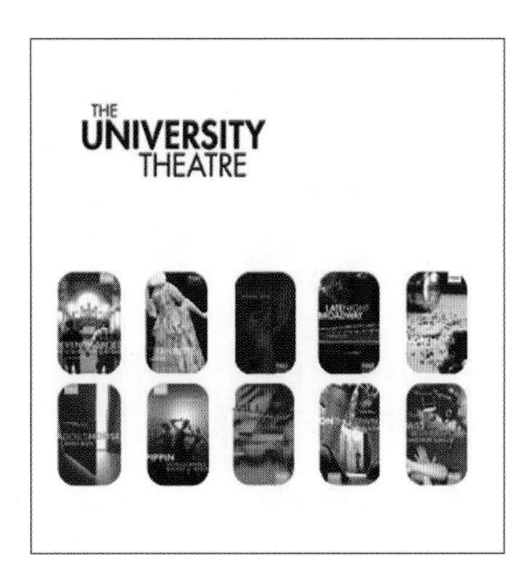

图3-36 方形图变化版面

图3-35为配置方形图的版面。配置方形图的版面常给人稳重、信任、理性、严谨、庄重等感觉，但有时也会显得呆板、平淡。设计师特意把图形的间距设计成两种规格，以打破这种呆板感。

图3-36的版面中将方形图作圆角矩形处理，使画面更显精致，也可以改善方形图缺乏变化的不足。

2. 退底图

退底图就是将图中的背景去掉，使其形状单独呈现出来的一种图形。轻松、灵活地运用这种图形，能使版面的空间感更强，设计范围更广泛。它能更和谐地与整个版面的编排元素相结合，形成整体和谐的视觉效果，很容易达到整体版面的平衡与协调，如图 3-37 和图 3-38 所示。

图 3-37　退底图版面

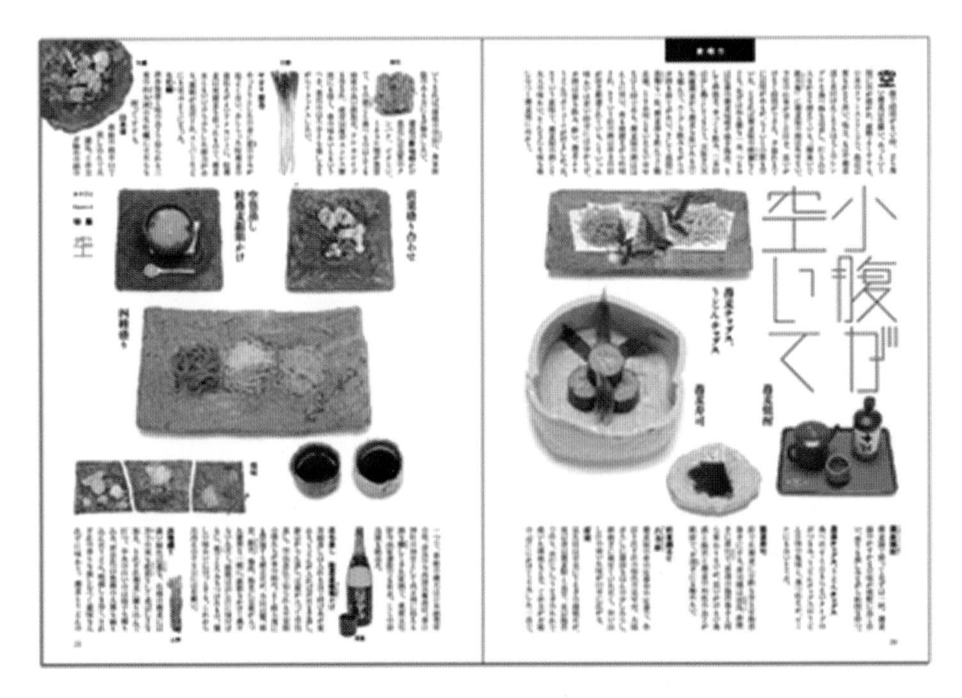

图 3-38　立体图像退底

图 3-37 中将人物和商品都作退底方式处理，使物体在版面中不再受框的限制，外轮廓线变得自然、生动，物体相互之间能更容易地组合，进而增强版面的空间感。

图 3-38 中主体图像退底，图文编排感觉好，版面生动，充满趣味性。

3. 出血图

出血是印刷行业的专业术语，在这里借用，指图形充满版面，边框处不留白边成为出血版。这类版面也称为满版型版面，它没有边框的限制，有舒畅、扩展之感。图3-39和图3-40中运用了出血图，使整个版面具有强烈的视觉效果，使其感觉更真实。其中将文字重叠在图上，体现出版面强烈的空间层次感，表达出版面的艺术感和品质感。

图3-39　杂志内页出血图版面

图3-40　图形出血版面

二、图形的数量　TWO

文字、图形（图、图片或照片）相对于版面所占的面积比率称为图版率。图版率低的版面阅读性较低，版面比较沉闷，而图版率高的版面具有强烈的视觉冲击力，更有创造性，能吸引人们的注意，提高阅读兴趣，如图3-41和图3-42所示。当版面上只有一张图的时候，会产生突出内容、安定页面、集中视线的效果；当版面出现多张图的时候，会产生视觉跳跃感，增强版面的生动性。图并不是越多越好，其数量的多少需要根据内容而定，如图3-43所示。当使用不同数量的图进行版面编排时，要求编排效果良好，形式与内容和谐统一。

图3-43的版面左右两边的图片有数量多少的对比效果，这时其中的单张图片成为了焦点，表达出页面信息的性质，线状的磁带增加了版面的流动性，多张图的组合打破了骨格式的编排方式，运用自由编排的方法，使版面更加自由灵活，也表达出其信息涵盖的类型较多，叠压放置的方式增加了版面空间层次。运用前后叠压放置图片时应注意：前面的图片不能遮住后面图片中具有传达效果的主要图形或文字。

图3-44采用均衡式构图，图片数量较多，设计师对图片的处理方法也较多样——版面左侧是圆角矩形图，版面右侧是退底图，提升了读者对版面的阅读兴趣，使版面的视觉跳跃性大，最终形成了良好的阅读空间。

图 3-41　图版率低，视线集中

图 3-42　图版率高，视觉冲击力强

图 3-43　图片数量较多的版面编排一

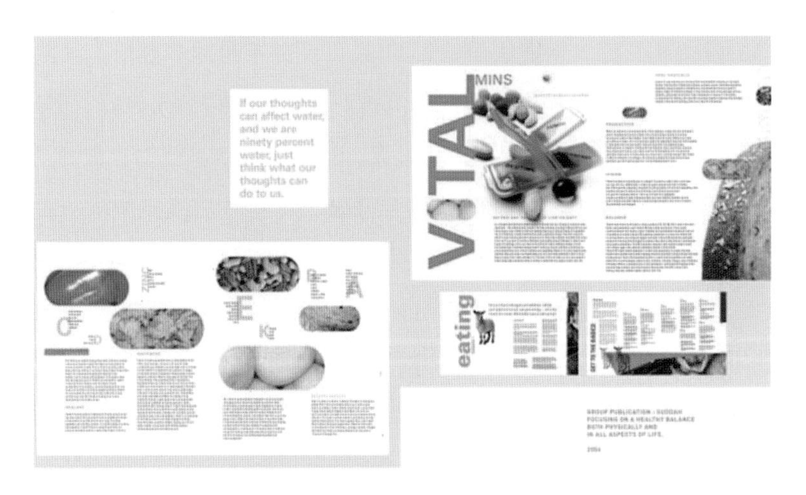

图 3-44　图片数量较多的版面编排二

三、图形的面积 THREE

图形的面积直接影响整个版面的视觉传达效果。 在一幅版面中，图形越大越引人注目，感染力越强，图形越小则感染力越弱。 为了突出主要信息，可将主要图形放大，从属的图形缩小，这样才能形成主次分明的版面布局。 大面积图形通常用来表现细节，如风景、器物、人物等某个对象的局部特写等，能在瞬间迅速传达其内涵，使其与人产生亲近感。 小面积图形插入字群中会显得版面简洁而精致，有点缀和呼应版面主题的作用，不过也会产生拘谨、静止的感觉，如图 3-45 和图 3-46 所示。

图 3-45 图版率一般

图 3-46 图版率较高

图 3-45 中的图形在版面中占 1/2 的面积，文字的竖式编排使版面的图形和文字形成视觉力量矛盾点，产生视觉力量的均衡，图形中小猫的视线给读者的阅读顺序以提示。

图 3-46 中的图形为满版式编排，图版率高，拉近了其与读者的距离，真实感更加强烈，也便于画面中具体形象的重点表现。

四、图形的位置 FOUR

1. 四角与中轴四点结构

页面的四个角、对角线、中轴四点及水平与垂直的中轴线，具有支配页面结构的作用。 四角是页面边界相交形成的四个点，把四角连接起来的斜线即为对角线，交叉点为页面的中心。 中轴四点指经过页面中心的垂直线和水平线的端点。 这四个点可上、下、左、右移动。 通过四角与中轴四点结构的不同组合与变化，可以形成多样的页面结构。 在排版时抓住这八个点，可以突出版面的形式美感，同时版面设计、视觉流程的规划也得到相应简化，如图 3-47 至图 3-49 所示。

图3-48 中将重点图形的面积放大，细节和说明性的图形整体缩小，整个版面内容整齐排列，图形面积形成对比。图形的位置分别在四角和中轴点上下移动排列，保证了版面的整齐有序，也符合人们的阅读习惯。

图3-49 中图形沿下中轴点左右移动编排，形成特殊的心理动势。

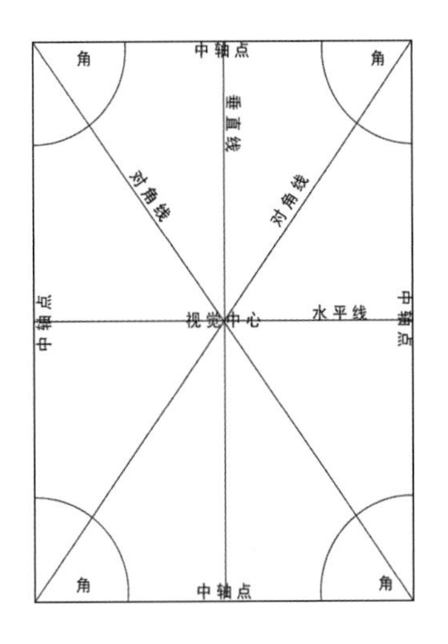

图3-47　四角与中轴四点的分布图

图3-48　图片在左、右、中轴点纵向排列

图3-49　图片在下中轴点横向排列

2. 块状组合与散点组合结构

块状组合，即通过水平、垂直线分割，将多幅图片在页面上整齐有序地排列成块状。这种结构具有强烈的整体感和秩序美感。各幅图相互自由叠置或分类叠置而构成的块状组合，具有轻快、活泼的特征，同时也不失整体感，如图3-50 所示。

散点组合，即图形分散排列在页面的各个部位，具有自由、轻快的感觉。采用这种结构时应注意图形的大小、主次，以及方形图、退底图和出血图的配合，同时还应考虑疏密、均衡、视觉流程等，如图3-51 所示。

图 3-50　图形的块状组合

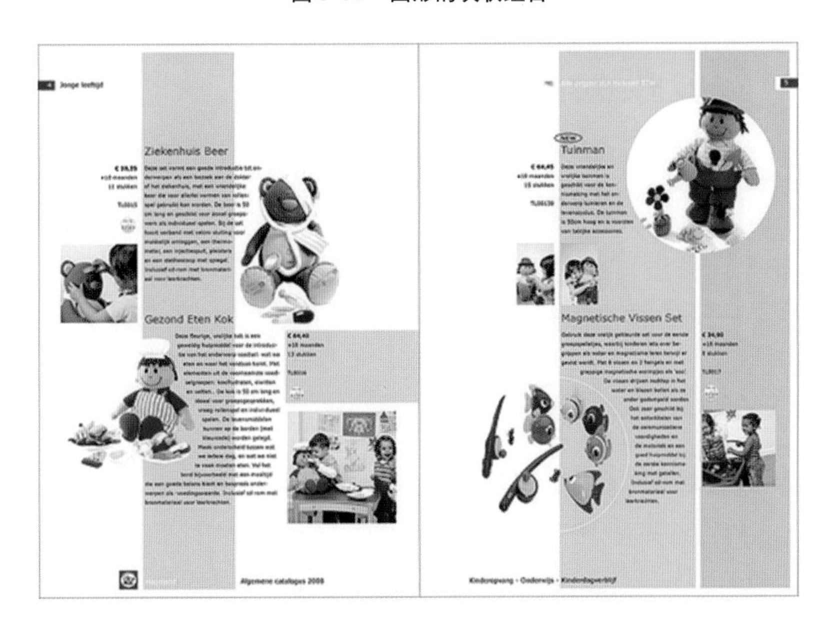

图 3-51　图形的散点组合

任务三

图形与文字的版面设计

图形和文字是版面编排设计中的主要设计元素，通常不会以单独的形式出现，所以，设计者也需要重点考虑图形和文字的组合方式，必须有意识地避免将图形的美观和文字的易读性同时消解的设计方式。在图形与文字的组合中，要保持版面的关注度，且主题鲜明、层次清楚、易于阅读，故应注意以下四点。

1. 统一文字与图形的边线

作为一般性的规则，应该将能够统一的文字段与图形的宽度统一起来，避免给人产生不协调感。在运用这点的时候要灵活，如果所有的内容都被处理得过度统一，反而会起到相反的作用，所以在编排过程中，在整齐中加入变化是一个要点。在统一图形与文本的编排过程中，应避免不彻底的处理方式造成版面散乱而失去美感，如图3-52所示。

图3-52　图形与文字边线统一

图3-52中图形与文字的左右边线对齐，图形也纳入文字的框架当中，强化了文字与图形的关系。

2. 注意图形与文字间的距离关系

图形与文字组合出现的版面，一般情况下都是说明、补充的关系，所以在版面中，图形与文字的对应必须明确，并且在编排设计时应注意图形与文字间的距离，如图3-53和图3-54所示。

图3-53　图文关系不明确

图3-54　加强图文的对应关系

图 3-53 版面中的图文信息虽完整，但是图形和文字的编排方式隔断了它们之间的联系，设计要素之间没有了交流。

图 3-54 中文字是对图形的说明，通过区分文字信息群和拉近与其内容相关的图形的距离，使两者之间的关系明确，达到版面编排设计的基本意图，进而方便阅读。

3. 不要用图形将文字切断

在版面编排设计中，应注意图形与文字的位置关系，插入的图形不能破坏文字的阅读性。比如将图形随意放到文字中，这样会破坏读者的阅读顺序，可以考虑在文字的开始或结尾处插入图片。如果一定要把图形插入文字中，也应该将图形安排在不会造成阅读障碍的位置上，比如段落的结束或者在文字内容结束的地方，如图 3-55 和图 3-56 所示。

图 3-55　文字被打断，造成阅读障碍

图 3-56　图形调到文章的开头，较合理

4. 注意对图形中插入文字的处理

在众多图文的版面编排中，将文字压在图像上是一种能找到两者视觉关系的快速方法，但这也会出现两种让人困惑的情况：第一种是文字的字体、颜色、大小与它周围的图形没有相似点，或者根本就是与图形区域分离开的；第二种是字体设计在组合中太过抢眼，反而成为不合理的块面与肌理。为了避免这两种情况，在图形与文字的编辑过程中应注意：当文字是辅助说明的时候不能将其放在图形的重要位置上，比如不能压在人物的脸上，同时不能做太特殊的效果；当文字是标题时，应选择适当的色彩区分文字和图形，同时也要选择与图形搭配和谐的字体和字号，如图 3-57 所示。

图 3-57（a）中文字的颜色与背景颜色太接近，因此辨识不清；图 3-57（b）中文字放在了主要图形的上面，影响了图形的美观性；图 3-57（c）则是比较合理的处理方法。

(a) 文字不明显　　(b) 图文位置不合理　　(c) 图文组合恰当

图 3-57　图形与文字搭配

教学实例　掌握文字和图形的处理方法以及图形和文字的组合技巧

实例　儿童书籍封面的版面设计

封面是书的外貌，它既体现书的内容和性质，又给读者以美的享受，并且还起到了保护书籍的作用。书籍封面设计要在封面上体现出书籍的主要内容，书名要突出，相关信息要完整。图 3-58 中图形居中放置于视觉中心点上，图形的类型告诉读者本书的主要人物，而书名被安排在版面的上部并被图形分割，书名的字号略小，字体不够醒目，版面整体缺乏活力。图 3-59 将主题图形放在水平线的中心点上，图形被剪切，更显出其调皮的个性，书籍名称满版编排在页面留白的部分，视觉冲击力变大，与图形的边缘契合融洽，文字的独特设计再次让读者感受到书籍主角的破坏力，版面中图文安置在对角线上，不仅活跃了版面，而且更符合儿童书籍版面设计的原则。

图 3-58　儿童书籍封面版式一

图 3-59　儿童书籍封面版式二

设计分析

分析3-1　图3-60为以文字为主的版面编排设计，设计中将标题文字放大，同时将行距和字距进行缩小，取得了非常规的视觉效果。将其中一个字母以形似的图形取代，使读者的联想更具体，同时在大面积的文字中间穿插居中对齐的文字段落，打破了统一感。正文部分采用首字母突出显示，以及左右对齐的编排方式，版面整洁，左右两边也形成对比。

分析3-2　图3-61的图形为出血式，画面充满张力，渐变编排的文字被放置在图形之上，根据画面重要部位的不同，文字段落所在的位置也有所不同，在文字下方使用透明的矩形色块作底色，给文字的表现提供了一个统一的背景，提高了文字的可阅读性。

图3-60　杂志内页版面

图3-61　商品广告版面

分析3-3　图3-62中的（a）和（b）都是采用图形满版编排、文字覆盖其上的构成方法，文字采用了倾斜编排的方式。图3-62（a）的标题文字以设计字体为主，文字左对齐，辨识程度较高，且放置在人物脸部下面，没有破坏画面的诉求点。图3-62（b）中正文字号较小，不同颜色的背景会影响阅读，所以在文字下方加白色色块做背景来解决层次问题，增加了画面层次感。

分析3-4　图3-63中退底图形的运用，图形呈放射状围绕在文字周边，形成一个整体，其中鞋子的摆放方向对视觉有引导作用。

分析3-5　图3-64中使用出血图，图形被倒置，形成奇特的视觉感受。文字居中对齐，注意不同信息之间的间距和文字的字体、字号的选择。文字自然放置在由图形形成的一个三角形空间中，这个设计是文字覆盖在图形上处理较好的案例之一。

(a)广告版面一

(b)广告版面二

图3-62　图形满版编排

图3-63　宣传单广告版面

图3-64　广告版面

课后练习

1. 根据本项目所学的知识，设计电影海报的版面（见图3-65和图3-66），熟练掌握文字和图形的不同表现方法。

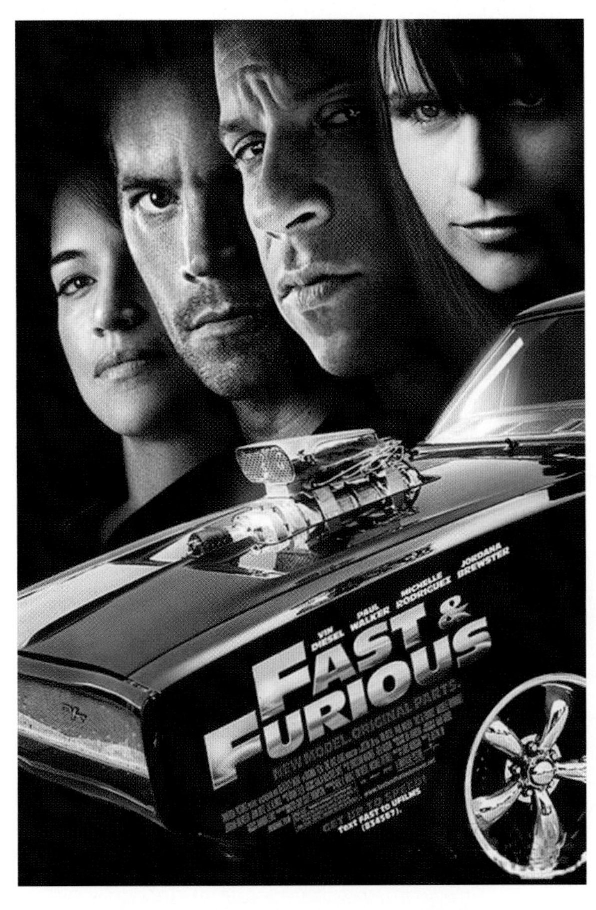

图3-65　《速度与激情》电影海报版面

图3-66　《哈利·波特》电影海报版面

创意思路　通过图形和文字的处理方法，体现出该电影的类型，并进行主要人物介绍，以及展现人物之间的关系。文字处理时，注意选择合适的印刷字体或者符合电影感觉的设计字体，对文字信息还要进行正确的分类处理，从而达到区分信息的作用。

2. 根据所学文字与图形编排的方法，对图形和文字进行版面编排设计（见图3-67），并安排合理的视觉流程。

创意思路　选择合适的图形数量，将图形按照色彩、内容、类型和有无明确的指向性等进行分类，根据版面需要对图形进行退底、出血处理，熟练运用文字和图形的编排方法，通过调节文字和图形之间的距离，体现它们之间的关系，注意图形的面积和图形的方向。

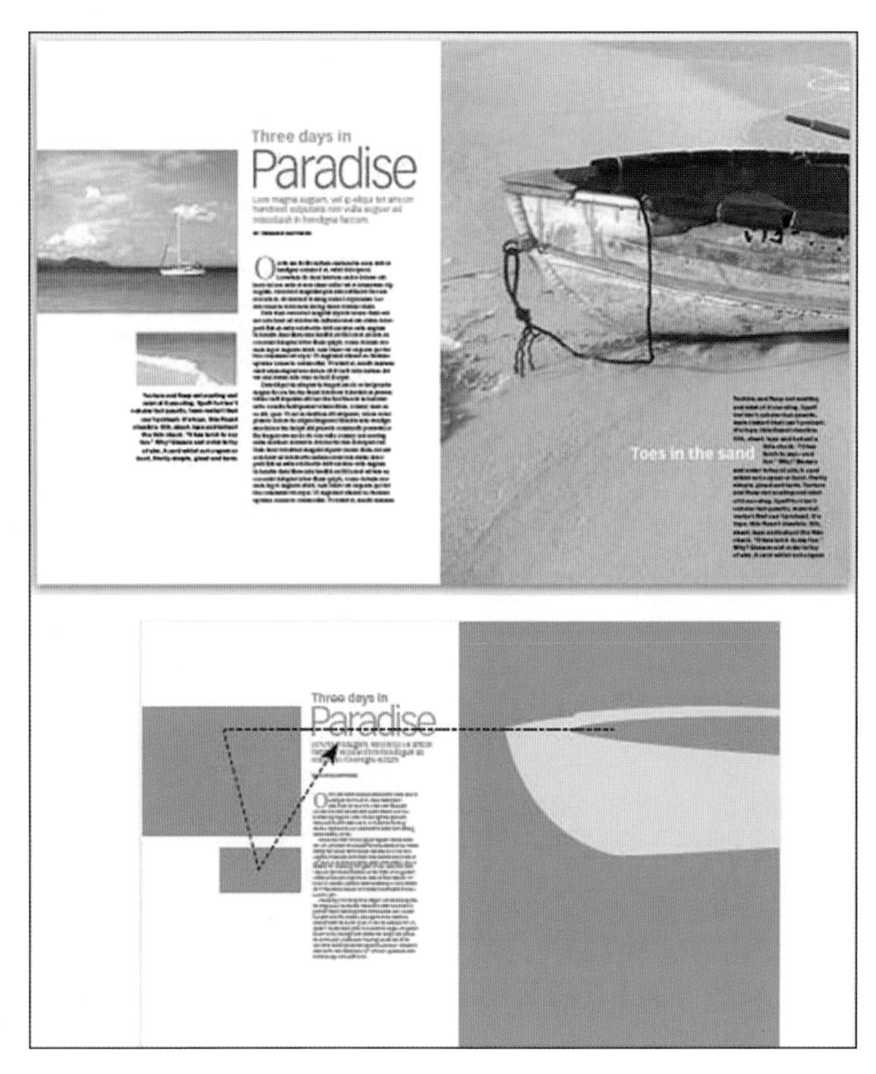

图 3-67　杂志内页版面及视觉流程示意图

项目四
版面编排设计的基本类型

BANMIAN BIANPAI
SHEJI（DIERBAN）

课程内容

本项目主要介绍九种版面设计的类型，并根据各种实例来解析版面的构成样式和具体编排形式。

知识目标

通过对九种版面编排样式的学习，能系统掌握各种编排方法，在理论上能对版面设计有更深刻的认识和理解，并能进行总结归纳和灵活的运用。

能力目标

在实际操作中，用发展的眼光结合时代特点大胆熟练地进行各类版面编排设计，为今后的学习和工作打下坚实的基础。

版面的构成样式是指版面编排的具体形式。 版面的构成样式在实际生活中可谓五花八门，无固定形式。 从发展的眼光来看，版面的构成样式总是在不断变革、出新和进步的。 不过从研究版面构成形式的角度出发，无论其怎样变化也脱离不了“版面”这个有限的平面，如果从“有限”这个角度去认识，就可以把版面设计的形式进行适当概括了。

任务一 满 版 式

满版式版面设计指的是文稿或者图形占据整个版面，不会有大面积的留白，从而充分运用整个版面来传达信息。 利用图文的排列方向、大小、形色、肌理等因素来构成对比丰富的精彩画面，使版面的每一个区域都能发挥它应有的作用。 满版式设计的构成又分为全图样式、全文字样式和图文混合样式等三种形式。 图4-1 为以文字为主的满版构图，文字占据了主要版面，很具有异域风情。 其版面主题主要以文字来表现，视觉传达效果直观而强烈。 图4-2 为以图形为主的满版式设计，设计中利用对比色来制造出张扬醒目的气场，突出了个性化表现。

图4-1　杂志封面

图4-2　书籍封面的版面设计

任务二

标　准　式

标准式常见于一般书籍及报刊等，通常只在书眉、页码、扉页及标题、章节上寻求个性和变化。标准式版面经过设计师的精心处理后，能在平凡中表现出不平凡的视觉效果，版面设计的价值在这里能够得到充分的体现。标准式版面设计的形式还可分为中式（竖排）、西式（横排）两种，如图4-3至图4-5所示。

图4-3 普通的图文混合式竖构图，图形及文字均按一定规范组合搭配，呈献给受众一种标准的版面构图特征。

图4-4 图形和文字将版面一分为二，形成对称的格局，右边的图像是主要人物，左边的文字段落对主题进行详述。大方简约地凸显了现代型横式版面设计的特点。

图4-5 纯文字编排，选择首字母放大，极其醒目，文字排列缜密规范，是典型的标准式的编排。

Business Feature 57

The fallacy of the Millennium Development Goals

图4-3　杂志内页版面一

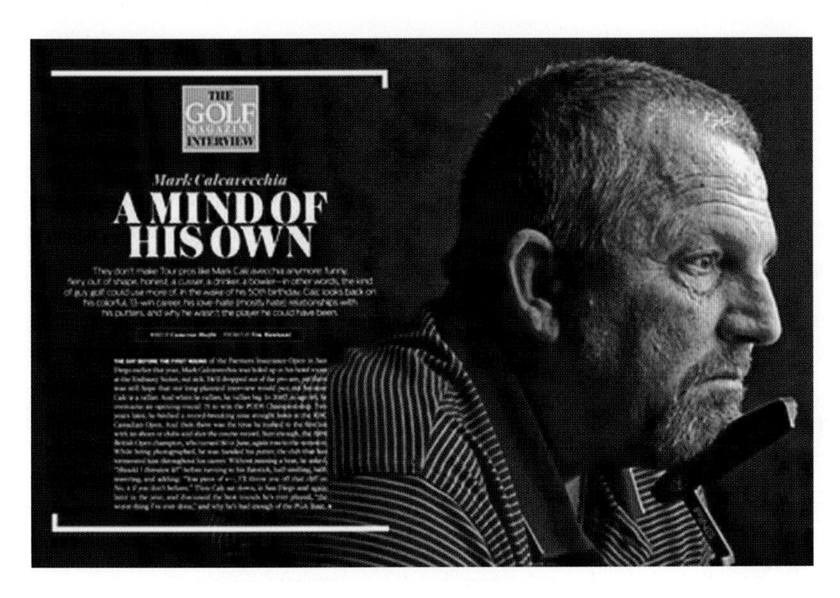

THE GOLF MAGAZINE INTERVIEW

Mark Calcavecchia

A MIND OF HIS OWN

gymnasts

SHAWN JOHNSON, NASTIA LIUKIN, CHELLSIE MEMMEL, ALICIA SACRAMONE

图4-4　杂志内页版面二

图4-5　杂志内页版面三

任务三

骨 格 式

骨格式构图方式是一种严谨规范的构图方式，有时甚至有些中规中矩。常见的骨格式构图方式有竖向通栏、双栏、三栏和四栏等，一般以竖向分栏居多。在图形和文字的编排上，严格按照骨格比例进行编排配置，给人以严谨、和谐、理性的美感。骨格经过相互混合后的版面既理性又有条理，既活泼又有弹性。横向三栏示意图如图4-6所示，竖向三栏示意图如图4-7所示。

图4-6　横向三栏示意图

图4-7　竖向三栏示意图

任务四

坐 标 式

坐标式构图方式中，无论是文字、图片，还是线条装饰，在编排时将其按垂直或水平方向有规律地呈现在版面上，形成类似坐标的格局。坐标式设计风格类似于“冷抽象”派的代表人物蒙德里安（Mondrian）的绘画风格。坐标式构图多数以纵向形式或横向形式的编排为主，但两种形式很少同时出现。坐标式版面有时候需要进行某种变化，否则易使人感到刻板且无生气。平面广告如图4-8所示，广告设计如图4-9所示。

图4-8版面按“横四纵四”被等分，其间的文字与图形编排随意自然，以剪贴的手法呈现，每一格中的几何元素对比均衡、疏密有致、颜色淡雅，被协调安插在均等的坐标中。

图4-9中坐标的分割出现大小变化，版面被横纵分成不规则的四份，画面就出现比较丰富的对比效果。文字群集中编排，严谨典雅，增强了画面的稳定感。

图4-8　平面广告

图4-9　广告设计

杂志内页如图4-10至图4-12所示。

图4-10构图以竖向十栏分布，每一栏的位置进行偏移的设置，打破了骨格构图的呆板，图文的编排规整而不失活泼。

图4-11骨格式版面的常规设计，采取竖向十栏等分的布局来排版，图形一律放在文字的上方，下部文字长短不一，错落有致，版面给人规则和严谨的视觉感受，为了避免版式呆板，图形的摆放顺序进行了很好的调整，即类似图片间隔摆放，统一中不乏变化。

图4-12是竖向分栏图文合排，巧妙的地方在于最上端的骨格线有高低错落变化，丰富了版面效果。

图4-13采取横向骨格排列，由于黑底白字加上图形统一在两排横线之中，使整体感觉干脆利落、简洁大方。

图4-14是在满版的基础之上进行的骨格式编排，文字的排列以竖向五栏分布，集中在版面的上端，清晰明了，非常符合观众的阅读习惯。

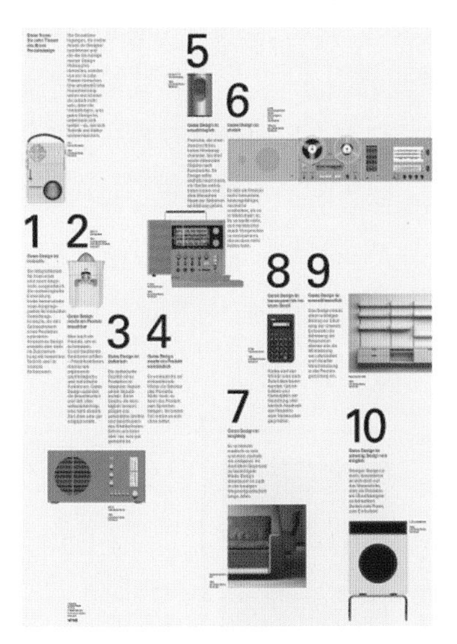
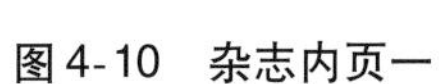

图 4-10　杂志内页一

图 4-11　杂志内页二

图 4-12　杂志内页三

图 4-13　杂志内页四

图 4-14　招贴版面

任务五

集　中　式

集中式为相对于分散式的一种排列方式，版面文字或图形具有区域性的集中效果，给人一种紧凑的视觉感。集中式版面并不是完全集中在一起，它在相对集中的情况下有时会显得分散，这种分散不仅是一种点缀，而且是一种有意分散，如某个角落上一个面积很小的标志或一些细小的文字等。

图4-15 集中式版面设计，虽然大号字体的文字组织普通，但是每个字母中都聚集着一段话，是一个视觉效果丰富的集中式构图方式。

图4-16 是一幅以呼吁和平为主题的公益广告。画面中的一只腿是由大量手写的文字组合而成，通过仔细阅读文字能让受众明白公益广告的寓意“失去的不仅仅是一条腿而是快乐”。好的创意必须有相符合的版面设计才能完全地表达出其内涵。

图4-15　集中式版面设计

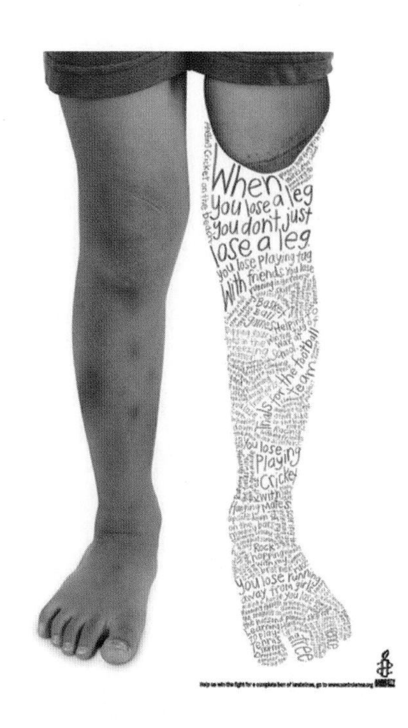

图4-16　公益广告

任务六

分　散　式

分散式为相对于集中式的一种排列方式，版面上的文字、图形信息按照一定的规则分散排列，总体上显得很大气，散而不乱。该形式很适合编排信息量比较大的版面。分散式给人一种无拘无束的感觉和一种自然宽松的气氛，但是所谓的分散并不是没有规则的零散，而必须有统一完整的版面意境。分散式又分为有序分散式和无序分散式两种。

图 4-17 中每一个汉字都被切割，而且不完整地分散在画面中，左下方预留给主题一块地方，很醒目，表现出强烈的文化气息和视觉震撼效果。版面采用文字列队编排的方式细心营造出一种有秩序的分散式构图。

图 4-17　包装广告

图 4-18 中物品间隔有序且平均地分散在画面中，呈现均衡平等的构图形式，文字则排在图片的上面一层，简明扼要。

图 4-19 中主体图形是一棵玉兰花的剪影，置于画面正中间，使人视觉集中于四个孩子的笑脸上，四个笑脸与花朵的剪影重叠分散于整个画面，打破主体图形的平静和呆板，显得丰富而富有设计意味。

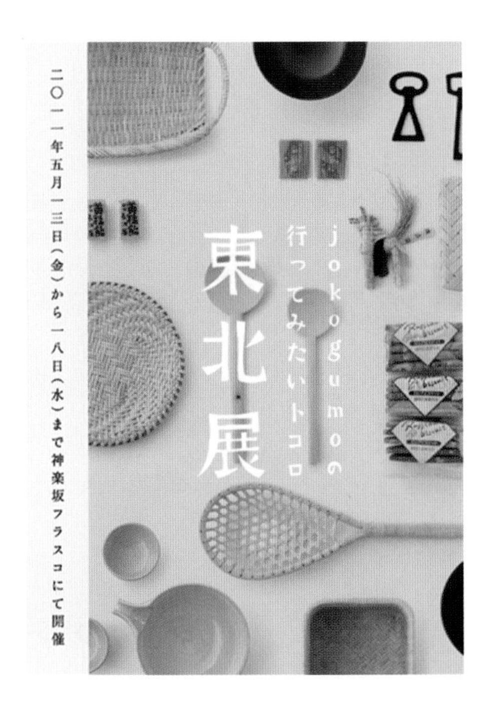

图 4-18　招贴设计一

图 4-19　招贴设计二

任务七

引　导　式

引导式构图利用画面上的人物动作或指示性的箭头、线条等将受众的视线引向版面所要传达的主要内容上面来，积极主动地制造视觉焦点。 这是一种不受视觉流程和最佳视觉区域限制的设计思路，它可以由设计者来选定什么是重点，什么不是重点，具有强烈的主观设置成分。

图 4-20 中版面主体形象与文字作倾斜编排，造成版面强烈的动感和不稳定因素，让读者的视线由画面版引向文字版。

图 4-21 中图形与文字相结合，一语双关的三角形，很快将读者的视线引导至画面中间的标题文字上来。

图 4-22 中根据飞机飞行轨迹来引导观众视线，这是一种不露声色、蕴藏深刻含义的版式设计。

图 4-23 中画面的左上角是一只打蛋器，文字则随着打蛋器运动的方向环绕成圈，受众的视线会跟随着这个圈，最终被引导至画面下方的红色文字上来。 这是采用引导式版面设计的典型例子。

图 4-24 中用耳机绳将受众的视线由主机引导至一座城堡的剪影，很明确地表达了产品的优质音色和至尊享受的特点。 标题和文字分别放在版面的对角，这是一种不露声色的版面设计。

图 4-20　杂志内页

图 4-21　报纸内页设计

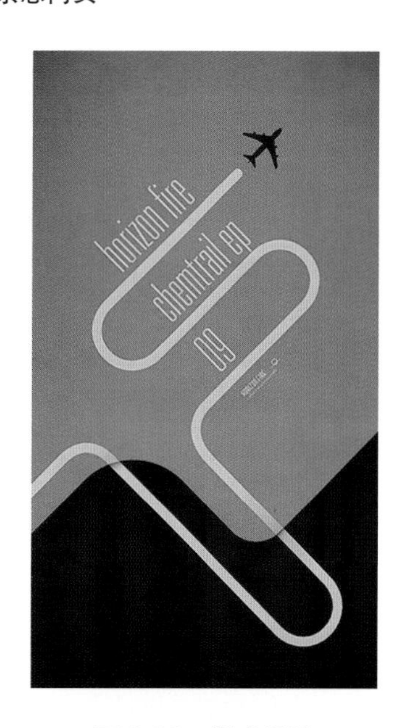

图 4-22　版式设计

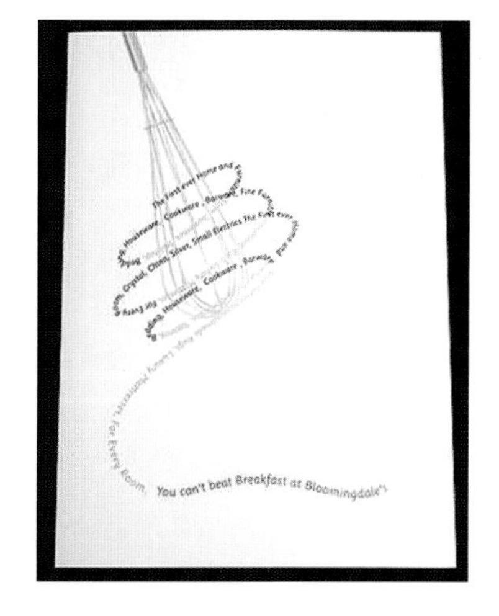

图 4-23　杂志内页版面

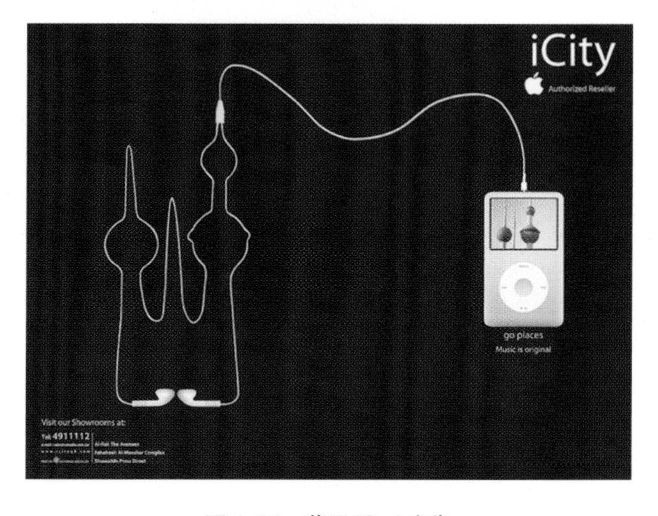

图 4-24　苹果 iPod 广告

任务八

组　合　式

组合式构图方式有明确的模式和规律，但又不能呆板或单调，故要在有规律的组合中寻求变化，打破固有模式。 比如在有序的画面组合中，猛然有一个元素打乱了秩序，就会引起人们的注意，从而产生意想不到的效果。 一般来说，组合式版面有等格并置、变异并置和几何并置等几种形式，如图 4-25 和图 4-26 所示。

图 4-25 为组合式版面设计，大标题很突出，详细的文本则以横向编排方式组成字群，版面有重叠的视觉错觉，是以文字为主的组合式版面设计。

图 4-26 是鱼类的介绍，采用图文结合的编排形式，中间部分由一条大鱼形式的剪影式文字排列组成。 版面中罗列着各种类型的海洋鱼类品种，其中穿插着各种鱼类的文字说明，形成典型的分散式构图，采用的是一种平铺直叙的编排风格。

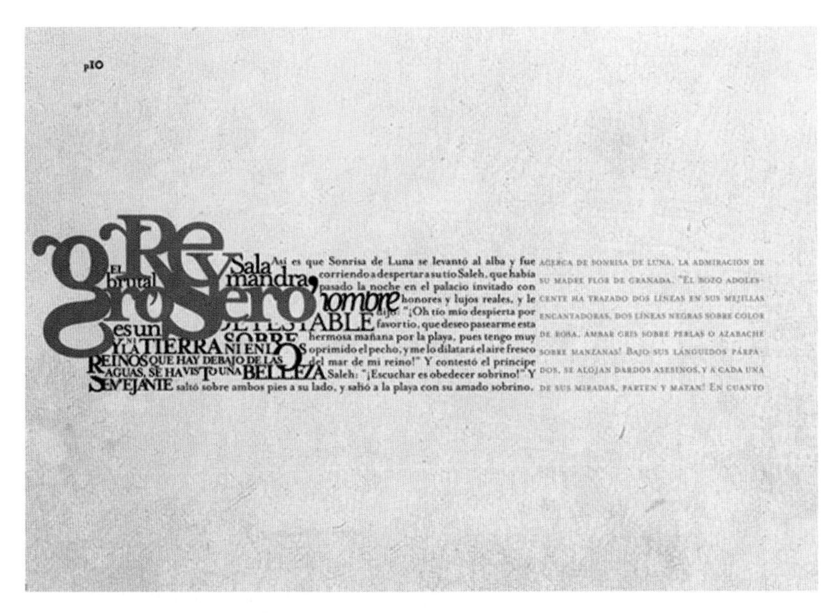

图 4-25　组合式版面设计

图 4-26　鱼类的介绍

任务九

自 由 式

自由式没有明显的模式或规律，灵活多变和生动自如是其主要特点，但并不是杂乱无章的任意堆砌，而是要在自由随意之中显示灵感，表达意境，使版面设计跳出上述形式规则的禁锢，进入具有内在个性、独创性的层面。自由式版面设计可分为相对自由式和绝对自由式两种形式。

图4-27是自由式版面设计。这是一个充满涂鸦气质的版面，有强烈的绘画感。画面中的女人占据主体，文字的排列没有特定的规格，随性大胆，看上去有些漫不经心但是隐含着对版式形态的讲究。

图4-28中是女人性感的嘴唇与飘逸的长发充满画面，文字按照非常规的视觉习惯来排列，给人杂乱混淆的感觉，这个版式的构图非常大胆，且自由度高，属于满版式和自由式相结合的版面设计。

图4-29是以文字的编排为主的版面，字母的编排严谨中透露出极大的自由，此版面设计将自由、前卫和趣味性表现得淋漓尽致。

图4-27　自由式杂志内页版面

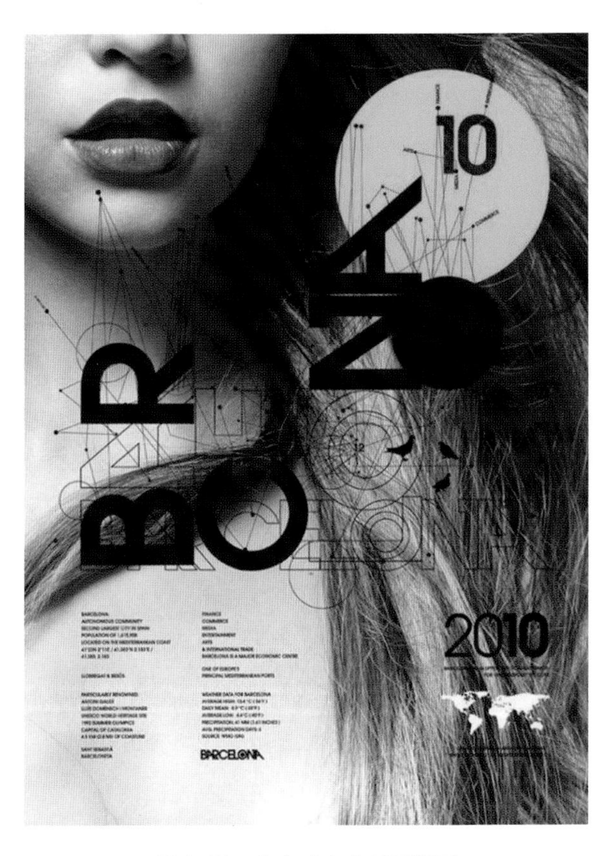

图4-28　自由式杂志封面版面

图4-29　海报版面

上述九种表现手法，只是版面设计艺术中最基本最常见的版面样式，若仔细划分，还可以罗列。进行分类的目的不过是出于理论研究和相关教学的需要，其实际意义并不大，关键是要将各种艺术形式融入设计之中，要活学活用，举一反三，千万不可死记硬背。

应当记住的是，版面设计的形式法则多是互相渗透、互为表里，设计者要在掌握这些形式法则的基础上施展才智，甚至抛开法则，自由制造出新颖独到的构成样式，为版面设计这块园地增添更多更美的花朵。

教学实例

在退底图形周围混合标题和文字是为设计区域内的标题和文字选择不同的方案。一旦确定可以建立一个很好的结构，就可以开始让一些退底图形打破涉及区域内的对称。然后再将退底图形和文字结合起来的时候，会产生一些技术上的问题。因为计算出来的文字布局和长度要和退底图形的边缘相匹配。这时，文字与退底图形的结合就会有很多让人兴奋的方案出现。

图4-30版面中几乎占满画面的字体与后面的女人脸重叠，十分有张力，让观众努力想去辨识女人脸的同时，仔细看清前面的文字。这样的版面设计气氛严肃、紧张，给画面带来神秘感。

一位成功的设计师要能恰到好处地平衡所需要的设计元素。例如在设计一张海报时，必须考虑它有可能引不起人们的注意，那么就应该强调设计中最有刺激感的元素。但是如果设计一份菜单或者一本杂志就不需要如此显著的视觉冲击，而只需要巧妙地诱使读者去阅读并引人入胜。图4-31至图4-34说明了上面讨论的元素结合起来的一些方法。

图 4-30　杂志封面版面

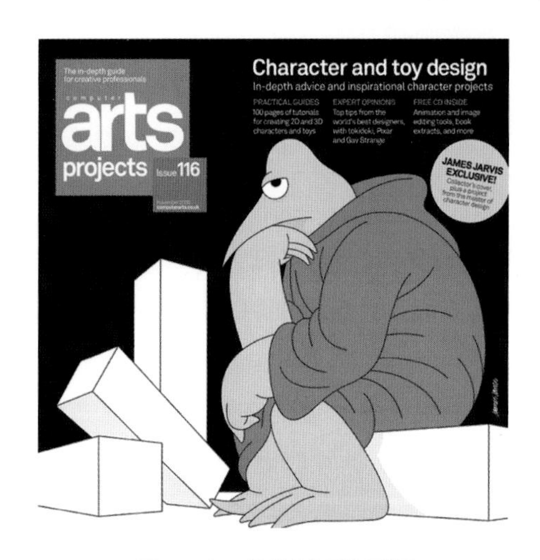

图 4-31　书籍封面的原版

图 4-32　经过倒置图形形成的奇异效果

图 4-33　重新组合后的图形与文字版面一

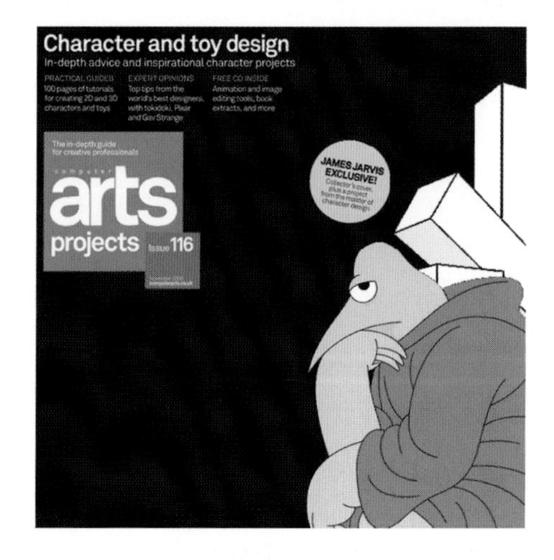

图 4-34　重新组合后的图形与文字版面二

设计分析

分析4-1　图4-35是图文混合满板式构图，利用图形中物体的运动趋势来安排文字，牛在画面中旋转挣扎，文本则沿着这种动态趋势的轨迹排列，强化了画面的动感。

分析4-2　图4-36是骨格式版面设计，图形以散点安排在画面上半部，文字按骨格式分成四栏排版，其中细节处理得很到位，文字契合圆盘的形状来排列，整个画面色调协调清醒，给人舒服恬静的感觉。

图4-35　海报版面

图4-36　杂志内页版面

分析4-3　图4-37为自由式版面设计，画面占据主导地位的是颜色雅致、丰富的彩色铅笔头，呼应了大标题。这幅设计准确地表达了它的意境，让读者的眼睛被颜色所吸引，大胆随性，形象和示意图之间非常和谐。

分析4-4　图4-38粗体字与人物交叉，形成鲜明对比，图中人物动作舒展，着装华丽鲜艳，突出了斗牛士的个性，画面充满动感，简洁大方，是非常大胆有趣的版面设计。

图4-37　自由式版面设计

图4-38　招贴版面

分析4-5　图4-39是满版式与骨格式共存在的版面设计，色调低沉闲适的饮品照片铺满整个版面，文字根据客人浏览菜单的习惯是呈纵向五条排列，并错落有致。

分析4-6　图4-40画面中将图片一分为二，使用了一个引人注目的圆形遮挡住画面中的女人脸，标题就在圆形上，以此来突出主题，是简洁有说服力的版面设计。

图4-39　满版式与骨格式共存在的版面设计　　图4-40　杂志封面版面设计

分析4-7　图4-41是一个经典的集中式版面设计。版面设计突出了主题“cut”（剪）。所有的元素都是以剪纸的形式组合在一起。底层密集的排列十分吸引人的眼球，有向外发射的错觉，白色的剪刀显得格外抢眼，很有视觉张力。

图4-41　经典的集中式版面设计

课后练习

1. 通过对版面设计编排基础及编排类型的学习，运用美的形式规律设计版面，进行公益广告设计，如图4-42和图4-43所示。

创意思路　根据本项目学习的版面设计的编排类型，灵活运用造型能力与构思技巧，将情感溶入作品中。要求版面主题突出，层次清晰，以达到准确传达信息的目的。

2. 通过对版面设计的基本程序和规范的学习，运用造型设计能力与构思技巧，按照版面设计中对图形的选择要求，选择适当的图形进行杂志的版面设计，如图4-44至图4-47所示。

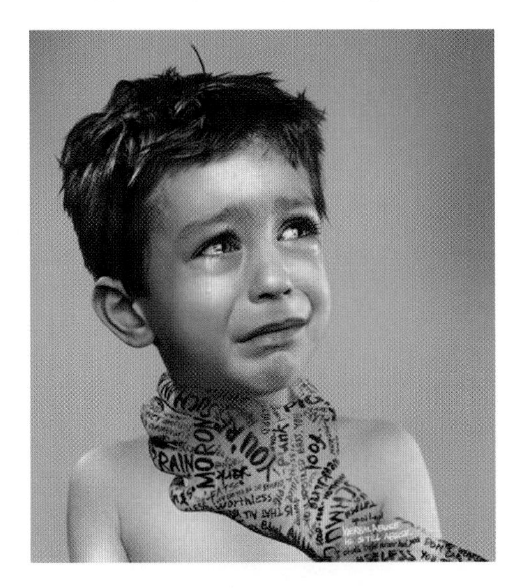

图4-42　公益广告设计一

图4-43　公益广告设计二

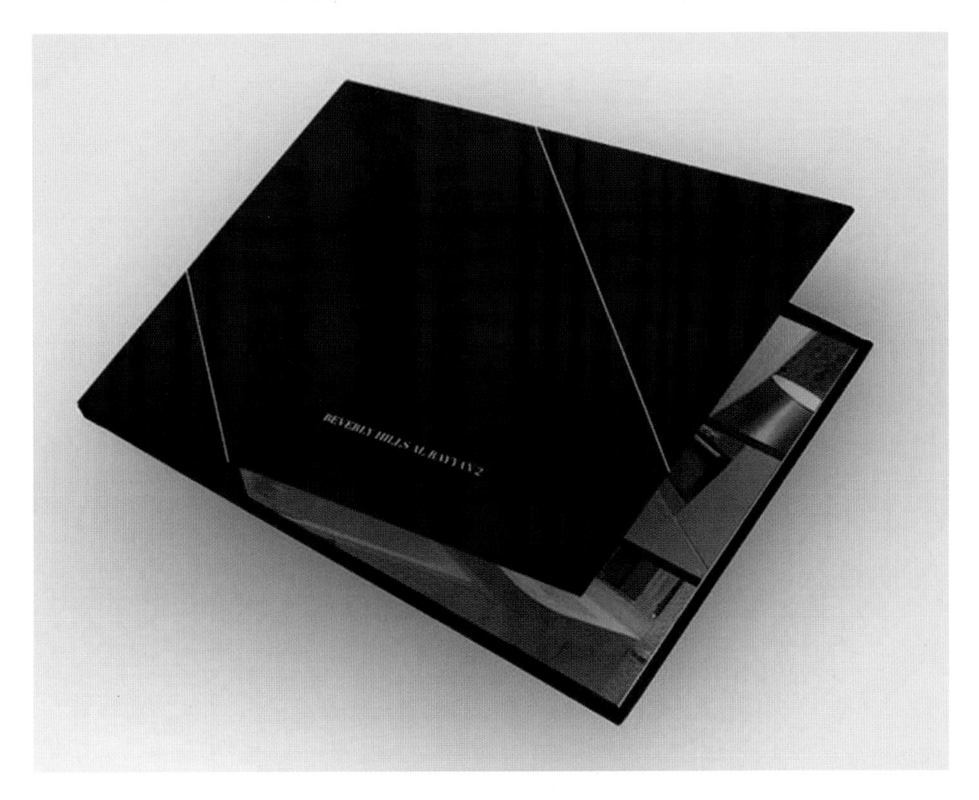

图4-44　杂志封面版面

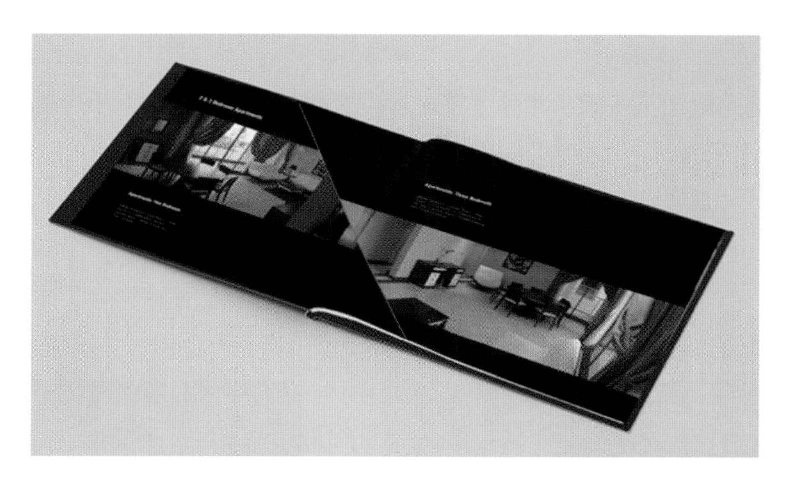

图4-45 杂志内页版面设计一

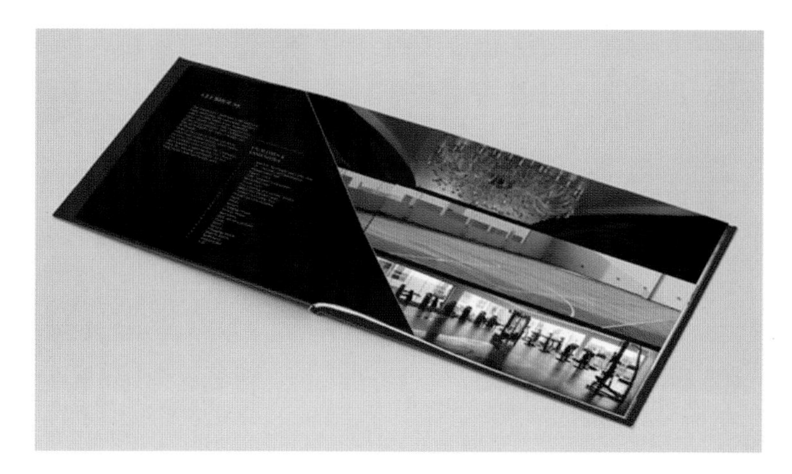

图4-46 杂志内页版面设计二

图4-47 杂志内页版面设计三

创意思路 收集适量的图文信息，根据页面信息对版面功能的不同要求，运用合适的版面编排类型，注意图文信息的组织关系，灵活运用多种图文编排方法，主题突出，风格统一，并有顺畅的阅读流程。

项目五
版面编排设计与印刷的相关知识

BANMIAN BIANPAI
SHEJI（DIERBAN）

课程内容

本项目详细介绍了开本、出血线及印刷的相关知识，并在项目最后配有相关的教学实例供学生学习。

知识目标

了解开本和印刷知识对于版面编排设计（版面设计）的重要性。

能力目标

了解并掌握版面编排设计中出血线的设置方法，以及纸张在实际运用中所产生的版面视觉效果。

任务一

开　　本

开本是版面编排设计的要素之一，对版面编排设计来说，从设计一开始就必须对页面的基本设置做出明确的规划，其中开本大小的确定是版面编排设计的重点。作为印刷品外在的形式，好的版面编排设计会给人留下良好的第一印象。开本的实用性和艺术性，要从用途和读者对象等方面去考虑。书籍的开本决定了书籍的外在形式，如工具书、著作等多采用常规开本；生活书籍、宣传册等多采用异型开本。读者的需求始终都应是开本设计最重要的依据，故开本设计不仅要满足读者的客观要求，而且要考虑读者的心理需求，如图5-1至图5-4所示。

图5-1　宣传手册

图5-2　卡片、明信片

图5-3 书籍

图5-4 折页广告

一、常用的开本尺寸 ONE

1. ISO 标准

国家规定的开本尺寸采用的是 ISO 标准系列，现已纳入国家行业标准内在全国执行。这个体系形成了 A、B、C 三种型号的纸张规格，以适用于各种用途的印刷，如表 5-1 所示。

表 5-1 纸张的规格及其适用标准

纸张规格	适用标准
A0/A1	海报、图纸
A2/A3	图表、绘图
A4	信纸、刊物、打印机用纸
A5	笔记本、册子
A6	明信片
A5/B5/A6/B6	书籍
C4/C5/C6	文件袋、信封
A3/B4	报纸
A8/B8	扑克牌

开本尺寸是指按规定的幅面，经装订裁切后的书刊幅面的实际尺寸。开本尺寸根据国家标准的规定允许误差为 ±1 mm。

ISO 相关标准是基于高度比例为二次方的比例关系而确定的纸张大小标准。开本的计算方法是：把整张纸对折裁切为两个半张时，称为“对开”；再把半张纸对折裁切为两个半张时，称为“四开”；以此类推。开本确定后，它的宽窄大小就确定了版面设计的基础幅面。现行开本分为 A、B、C 三个系列纸张的规格尺寸（见图 5-5至图5-7），具体规格如表 5-2 所示。

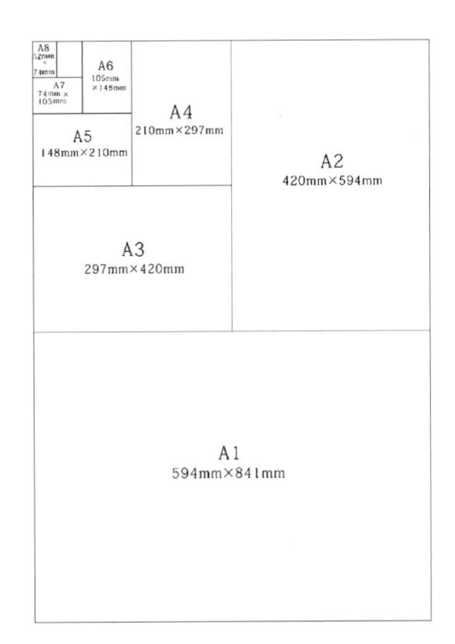

图 5-5　A 型纸开本

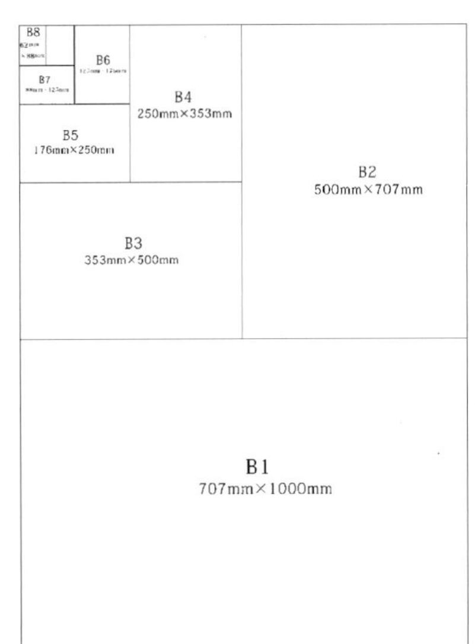

图 5-6　B 型纸开本

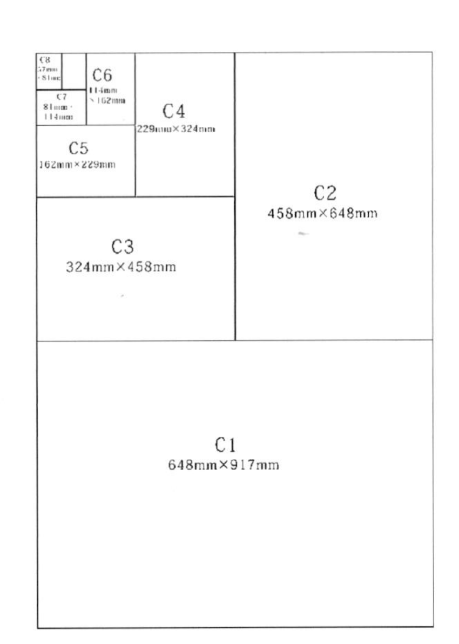

图 5-7　C 型纸开本

表 5-2　A、B、C 三个系列纸张的规格尺寸

A 型纸	尺　　寸	B 型纸	尺　　寸	C 型纸	尺　　寸
A0	841 mm × 1 189 mm	B0	1 000 mm × 1 414 mm	C0	917 mm × 1 297 mm
A1	594 mm × 841 mm	B1	707 mm × 1 000 mm	C1	648 mm × 917 mm
A2	420 mm × 594 mm	B2	500 mm × 707 mm	C2	458 mm × 648 mm
A3	297 mm × 420 mm	B3	353 mm × 500 mm	C3	324 mm × 458 mm
A4	210 mm × 297 mm	B4	250 mm × 353 mm	C4	229 mm × 324 mm
A5	148 mm × 210 mm	B5	176 mm × 250 mm	C5	162 mm × 229 mm
A6	105 mm × 148 mm	B6	125 mm × 176 mm	C6	114 mm × 162 mm
A7	74 mm × 105 mm	B7	88 mm × 125 mm	C7/6	81 mm × 162 mm
A8	52 mm × 74 mm	B8	62 mm × 88 mm	C7	81 mm × 114 mm
				C8	57 mm × 81 mm
				DL	110 mm × 220 mm

二、印刷纸张的标准开度　TWO

我国常用的印刷用纸的尺寸有两种：一种是正度纸张，全开尺寸为 1 060 mm × 760 mm（见图 5-8）；另一种是大度纸张，全开尺寸为 1 160 mm × 860 mm（见图 5-9）。

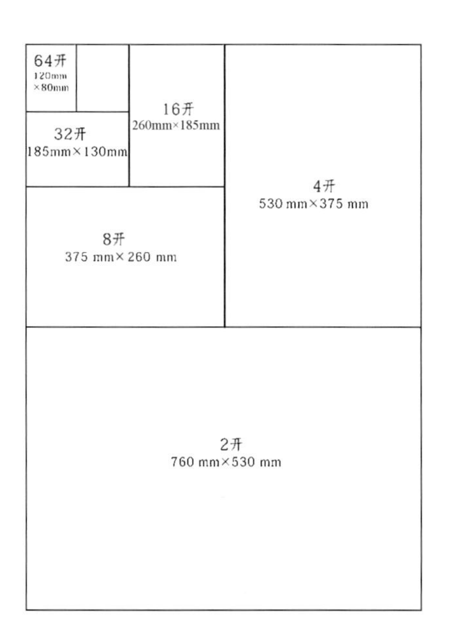

图5-8　全开正度

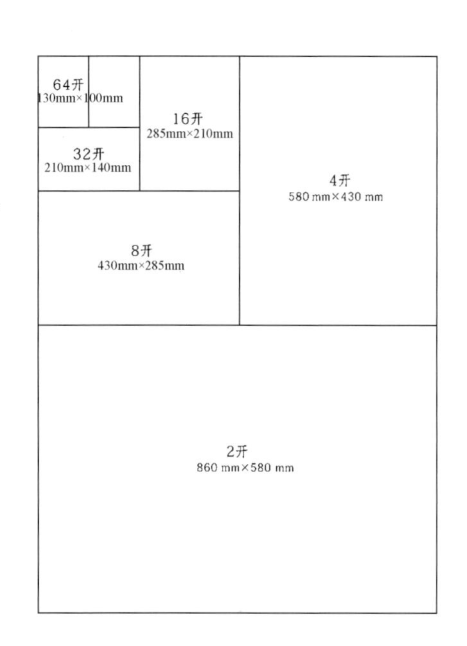

图5-9　全开大度

把全开的纸张进行分割就会得到不同开度的页面尺寸。 ISO 标准中的一张纸的面积正好是比它大一号纸的一半,具体纸张开度如表 5-3 所示。

表 5-3　纸张开本

—	正 度 纸 张	大 度 纸 张
全开	1 060 mm × 760 mm	1 160 mm × 860 mm
2 开	760 mm × 530 mm	860 mm × 580 mm
3 开	760 mm × 345 mm	860 mm × 350 mm
4 开	530 mm × 375 mm	580 mm × 430 mm
6 开	345 mm × 375 mm	370 mm × 430 mm
8 开	375 mm × 260 mm	430 mm × 285 mm
16 开	260 mm × 185 mm	285 mm × 210 mm
32 开	185 mm × 130 mm	210 mm × 140 mm
64 开	120 mm × 80 mm	130 mm × 100 mm

在印刷的时候，纸张的边缘是不能印刷的，因此纸张的尺寸会比实际版本规格要大，等到印刷完后再把边缘空白的部分切掉，这样就会产生全尺寸与裁切后尺寸的差别。

三、常用的一些版面规格　THREE

在描述纸张尺寸时，通常先写纸张短边的尺寸，再写长边的尺寸。 印刷品特别是书刊在书写尺寸时，应先写水平方向尺寸再写垂直方向尺寸。

常用版面的标准尺寸如下。

（1）普通宣传册：210 mm ×285 mm （A4）。

（2）三折页广告：210 mm ×285 mm （A4）。

（3）文件封套：220 mm ×305 mm。

(4) 招贴画：540 mm ×380 mm。
(5) 挂旗：376 mm ×265 mm，540 mm ×380 mm。
(6) 手提袋：400 mm ×285 mm ×80 mm。
(7) 信纸、便条：185 mm ×260 mm，210 mm ×285 mm。
(8) 名片：90 mm ×55 mm。
(注：成品尺寸 = 纸张尺寸 - 修边尺寸)

任务二 出 血 线

一、出血的概念 ONE

出血是印刷行业中的一个术语，主要是指将版面中的图形等元素扩大到页面边缘，占据整个版面或者版面中的一个边缘，并在裁切线外留有一定的余量，以保证裁切后的成品中的图形能够完全覆盖到页面的边缘。为了防止露白，大部分印刷品都需要留出血线，如图 5-10 和图 5-11 所示。

图 5-10 红色的线为出血线

图 5-11　红色的线为出血线(放大)

二、设置出血线的方法 TWO

在设计制作完一个作品和出菲林前都需要设置出血线。 由于在实际操作中存在误差，裁切刀不可能和印刷物的边界完全重合而易产生白边，设置出血的目的就是为了防止裁切不准而产生白边，如图 5-12 和图 5-13 所示。

图 5-12　设置了出血线的裁切图

图 5-13　没有设置出血线的裁切图

一般印刷物在排版时，会在边界外侧设置一条出血线，底纹要到达这条出血线，才能确保裁切的时候不因误差而导致出现白边，如图 5-14 和图 5-15 所示。

版面中的有些内容是绝对不可以被裁切的，因为裁切后会影响版面的美观或信息的完整性。 如图 5-16 在画面排版时，顶部的文字如果过于接近画面的边界，则在最后裁切时，如果切刀向内的误差为 2 mm，那么文字就有可能被裁掉。 而正确设置出血线则不会出现这种情况，如图 5-17 和图 5-18 所示。

图5-14　设置出血线的原图

图5-15　设置出血线的裁切图

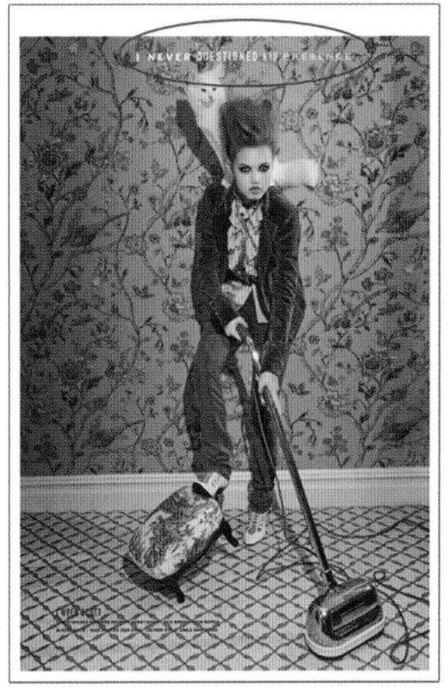

（a）裁切前

（b）裁切后

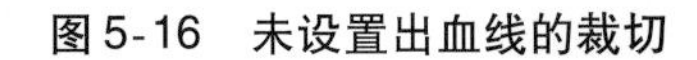

图5-16　未设置出血线的裁切

图5-17　正确的出血线设置

图5-18　裁切后的版面

综上所述，在设置版面的出血线时，根据具体情况有以下两种设置方法。

（1）将要出血的那部分内容的尺寸设置为比纸张多3 mm，也就是在原尺寸之上增加3 mm。

（2）将整个版面各边（即上下左右的边距）都延长3 mm，这样可以使印刷或打印时没有多余的白边出现，如图5-19所示。

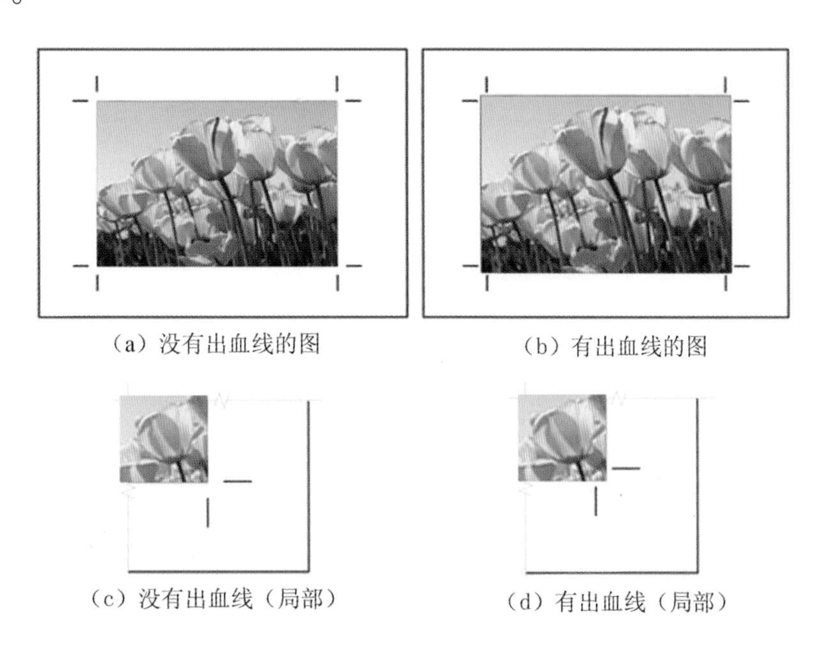

图5-19 出血线的设置

一般印刷出来的纸张数量都很多，如果在裁切的时候没有出血线，那么印刷后裁切出来的版面可能会有其中一边画面无法满版，所以让印刷画面超出出血线，裁切的时候就算有一点点的偏差也不会使印刷产品作废。一般版面超过出血线3 mm，但是这也不是绝对的，视纸张的厚度和具体的要求而定。

留出血线就是为了使裁切后的版面中的图片看起来更有张力、更加美观，且视觉效果更加强烈，同时也是为了便于印刷制作。

任务三

印刷的相关知识

一、印刷中的色彩模式 ONE

色彩模式是指由于成色原理的不同，造成显示器、投影仪、扫描仪这类使用色光直接合成颜色的设备和打印机、印刷机这类使用颜料合成颜色的印刷设备在生成颜色方式上的区别，要让设计的版面呈现出的色彩达到预期效果，就要选择相应的色彩模式。

1. RGB 模式

RGB 色彩模式就是通常说的三原色色彩模式，R 代表 red（红色），G 代表 green（绿色），B 代表 blue（蓝色）。人们肉眼所能看到的任何色彩都可以由这三种色彩混合叠加而成，因此也称为加色模式，如图 5-20至图 5-22 所示。RGB 模式适用于显示器、投影仪、扫描仪、数码相机等。

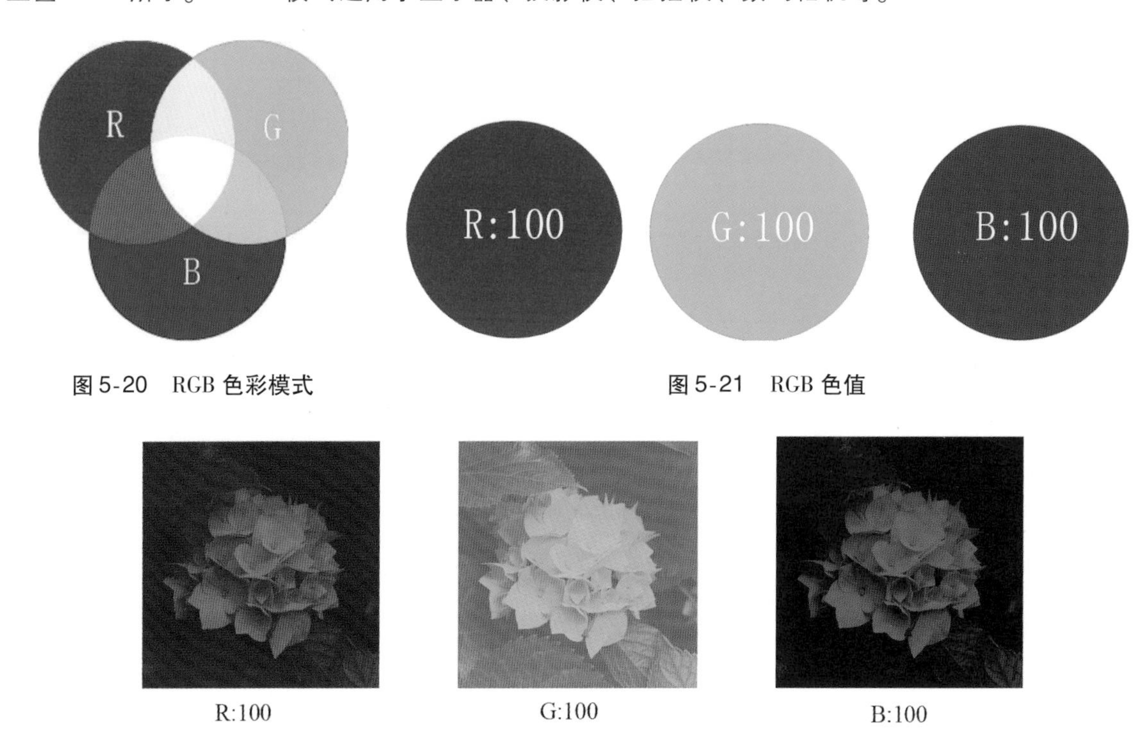

图 5-20　RGB 色彩模式

图 5-21　RGB 色值

图 5-22　RGB 色彩模式示例

2. CMYK 模式

CMYK 代表印刷中用的四种颜色，C 代表 cyan（青色），M 代表 magenta（品红），Y 代表 yellow（黄色），K 代表 black（黑色，K 是 black 最后一个字母）。在实际应用中，青色、品红和黄色很难叠加形成真正的黑色，所以加入了黑色。黑色的作用是强化并加深暗部色彩，如图 5-23 至图 5-25 所示。CMYK 模式适用于打印机、印刷机等。

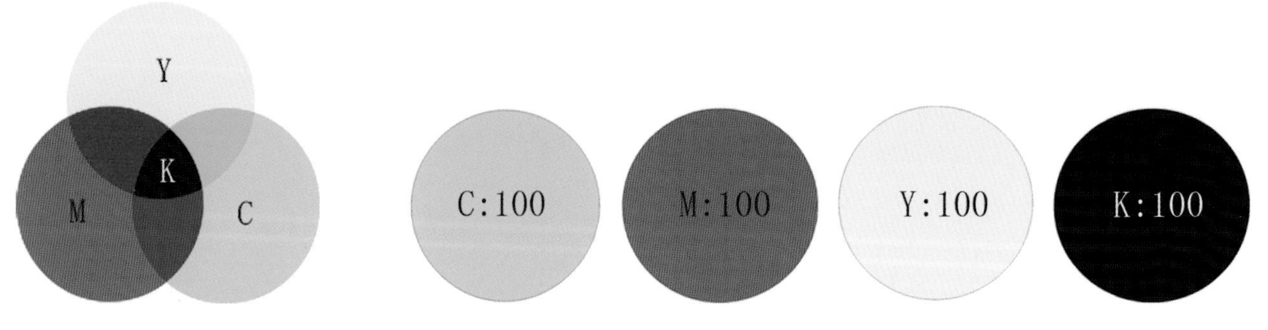

图 5-23　CMYK 色彩模式

图 5-24　CMYK 色值

3. RGB 模式和 CMYK 模式的比较

RGB 模式的色彩尽管很丰富，但有时并不能完全打印出来，所以 CMYK 模式是最佳的打印模式。用

图 5-25　CMYK 色彩模式示例

CMYK 模式编辑虽然能够避免色彩的损失，但运算速度很慢。 因此，在操作中可以先用 RGB 模式进行编辑工作，再用 CMYK 模式进行打印工作，在打印前才进行转换，然后加入必要的色彩校正，进行锐化和修整。

二、印刷色彩　TWO

1. 单色印刷

单色印刷是指在一个印刷过程中，只印刷一种颜色的油墨。 它可以是黑版印刷或色版印刷。 单色印刷的使用较为广泛，并且同样会产生丰富的色调，以达到令人满意的效果。 在单色印刷中，如果用色纸作为底色，还可以产生一种特殊的效果，如图 5-26 和图 5-27 所示。

图 5-26　单色印刷一

图 5-27　单色印刷二

2. 专色印刷

专色印刷是指用青色、品红、黄色、黑色等四色以外的颜色来印刷的工艺，也可以通过使用专门调制的一种特殊的颜色作为基色，通过一版印刷完成。 包装印刷中经常采用专色印刷工艺来印刷大面积底色，如图 5-28 和图 5-29 所示。

3. 四色印刷

四色印刷是指用青色、品红、黄色、黑色等四色来印刷的工艺，采用四色印刷工艺套印出来的色块，由于组成色块的各种颜色都是由一定比例的网点构成，故色块不容易取得墨色均匀的效果，而且色块的明度较高、饱和度较低，如图5-30至图5-32所示。

图5-28　专色印刷一

图5-29　专色印刷二

图5-30　四色印刷一

图5-31　四色印刷二

图5-32　四色印刷三

如果画面中既有彩色层次的画面，又有大面积的底色，那么彩色层次的画面部分可以采用四色印刷，而大面积底色可采用专色印刷。这样做可以让彩色层次的画面部分通过四色印刷得到正确还原，底色部分则可以通过适当加大墨量获得墨色均匀厚实的印刷效果。

三、印刷与菲林的关系 THREE

菲林也称胶片，是传统印刷中必不可少的环节。把 CMYK 四色分别以黑白的形式投影到菲林上，然后再将菲林通过晒版机，曝光到 PS 版上（PS 版是印刷用的铝版，简单地说就是在 PS 版上晒菲林），然后用 PS 版来印刷。传统印刷必须出菲林，但是现在已经有了更为先进的印刷机，可以通过电子文件直接进行短版印刷（即少量印刷）。

四、印刷纸张的品种及规格 FOUR

印刷品的种类繁多（见图 5-33），不同的印刷品常要求使用不同品种的纸张。根据印刷品的使用特点，选择吸收性合适的纸张进行印刷，才能较好地保证印刷质量。如：印刷报纸宜采用吸收性强的新闻纸，以满足高速、经济的使用特点；而印刷精细和色彩鲜艳的产品，宜采用吸收性弱的纸张，如铜版纸等。影响印刷品呈色效果的纸张性能中，最突出的影响因素是纸张的光泽度和吸收性。现将一些常用的印刷纸张的品种和规格介绍如下。

图 5-33 种类繁多的印刷品

1. 凸版纸

凸版纸是供凸版印刷书籍、杂志的主要用纸。凸版纸具有质地均匀、不起毛、略有弹性、不透明等性能，有一定的抗水性能，有一定的机械强度。

密度：（49～60）±2 g/m²。

平板纸规格：787 mm ×1 092 mm，850 mm ×1 168 mm，880 mm ×1 230 mm，以及一些特殊的尺寸规格。

卷筒纸规格（宽度）：787 mm，1 092 mm，1 575 mm。

2. 新闻纸

新闻纸也称白报纸，是报刊及书籍的主要用纸。新闻纸的特点：纸质松软，有较好的弹性；吸墨性能好，能保证油墨较快地固着在纸面上。

密度：（49～52）±2 g/m²。

平板纸规格：787 mm×1 092 mm，850 mm×1 168 mm，880 mm×1 230 mm。

卷筒纸规格（宽度）：787 mm，1 092 mm，1 575 mm。

3. 胶版纸

胶版纸主要用于平版（胶印）印刷机等来印制较高级的彩色印刷品，如彩色画报、画册、宣传画、彩印商标、高级书籍，以及书籍的封面、插图等。

密度：50 g/m²，60 g/m²，70 g/m²，80 g/m²，90 g/m²，100 g/m²，120 g/m²，150 g/m²，180 g/m²。

平板纸规格：787 mm×1 092 mm，850 mm×1 168 mm。

卷筒纸规格（宽度）：787 mm，1 092 mm，850 mm。

4. 铜版纸

铜版纸又称印刷涂料纸，这种纸张表面光滑、白度较高、厚薄一致、伸缩性小，对油墨的吸收性与接收状态良好。铜版纸主要用于印刷画册、封面、明信片、精美的产品样本及彩色商标等。

密度：70 g/m²，80 g/m²，100 g/m²，120 g/m²，150 g/m²，180 g/m²，200 g/m²，210 g/m²，240 g/m²，250 g/m²。

平板纸规格：648 mm×953 mm，787 mm×970 mm，787 mm×1 092 mm。

5. 画报纸

画报纸的质地细白、平滑，主要用于印刷画报、图册和宣传画等。

密度：65 g/m²，91 g/m²，12 g/m²。

平板纸规格：787 mm×1 092 mm。

6. 书面纸

书面纸也称书皮纸，是书籍封面用的纸张。

密度：120 g/m²。

平板纸规格：690 mm×960 mm，787 mm×1 092 mm。

7. 压纹纸

压纹纸是专门生产出来的一种封面装饰用纸，纸的表面有一层不十分明显的花纹，一般用来印刷单色封面。

密度：150～180 g/m²。

平板纸规格：787 mm×1 092 mm，850 mm×1 168 mm。

8. 字典纸

字典纸是一种高级的薄型书刊用纸，纸张薄而耐折，有韧性，纸面洁白细致，质地紧密平滑，稍微透明，有一定的抗水性能，主要用于印刷字典、经典书籍（通常页码较多，要求便于携带的书籍）等。

密度：30～40 g/m²。

平板纸规格：787 mm×1 092 mm。

9. 毛边纸

毛边纸纸质薄而松软，呈淡黄色，无毛，有一定的抗水性能，吸墨性较好。毛边纸只适宜单面印刷，主要用于印刷古装书籍。

10. 打字纸

打字纸是薄页型的纸张，纸质薄而富有韧性，要求打字时不穿洞，用硬铅笔复写时不会被笔尖划破，主要用于印刷单据、表格及多联复写凭证等。在书籍中用作隔页用纸和印刷包装用纸。

密度：20～25 g/m²。

平板纸规格：787 mm×1 092 mm，560 mm×870 mm，686 mm×864 mm，559 mm×864 mm。

11. 拷贝纸

拷贝纸薄且有韧性，适合印刷多联复写本册，在书籍装帧中用于保护美术作品并起到美观作用。

密度：17 ~ 20 g/m^2。

平板纸规格：787 mm × 1 092 mm。

12. 白板纸

白板纸伸缩性小，有韧性，折叠时不易断裂，主要用于印刷包装盒和商品装饰衬纸。在书籍装订中，一般用作无线装订的书脊和精装书籍的中径纸（脊条），或者封面。

密度：220 g/m^2，240 g/m^2，250 g/m^2，280 g/m^2，300 g/m^2，350 g/m^2，400 g/m^2。

平板纸规格：787 mm × 787 mm，787 mm × 1 092 mm，1 092 mm × 1 092 mm。

13. 牛皮纸

牛皮纸具有很强的拉伸性，主要用于制作包装纸、信封、纸袋和印刷机滚筒包衬等。

平板纸规格：787 mm × 1 092 mm，850 mm × 1 168 mm，787 mm × 1 190 mm，857 mm × 1 120 mm。

五、几种常用的专业排版软件　FIVE

掌握好专业的排版软件的操作方法可以帮助我们更好地进行排版设计。下面就介绍几种常用的专业排版软件。

Adobe 公司的 PageMaker、Indesign，Quark 公司的 QuarkXPress，北大方正公司的 Fit（飞腾）等都是专业的排版软件。其中 PageMaker 和 QuarkXPress 为排版软件中应用较多、功能较强的两种软件。除此以外，Adobe 公司的 Photoshop 是集图像扫描、编辑修改、图像制作、图像输入与输出于一体的图形图像处理软件；CorelDRAW 是 Corel 公司开发的图形图像软件，广泛地应用于商标设计、标志制作、插图描画、排版及分色输出等领域，如图 5-34 所示。三种使用最多的软件的具体功能如下。

（1）PageMaker 的主要功能：能输出 PDF 及 HTML 文件，图层管理、色彩管理功能强，图文链接、表格制作功能独特。

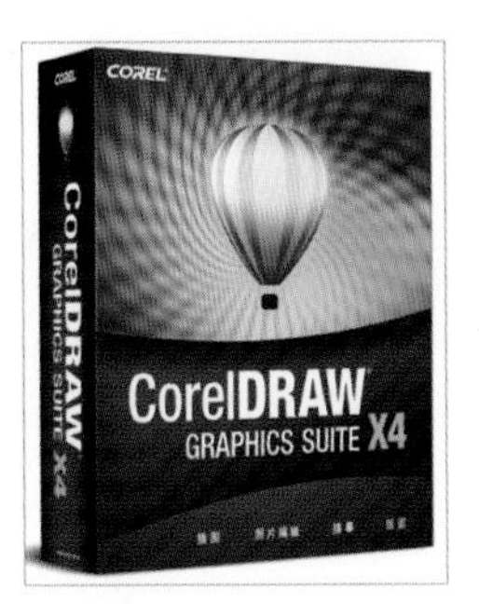

图 5-34　常用的专业排版软件

（2）QuarkXPress 的主要功能：自动备份及存储功能、组页功能，可输出 EPS，可使用渐变填充图形等。

（3）Fit 的主要功能：中文处理功能较强，能满足中文的各种禁排要求，图形绘制功能强、底纹多、变换功能强。

鉴于以上特点，三种排版软件的应用领域也各不相同。PageMaker 和 Indesign 是专业的排版软件，用于杂志、书籍的排版印刷及制作电子出版物；QuarkXPress 用于图片较多、文字较少的大型彩色杂志、广告、画册等；Fit 用于中文字多和图文混排复杂的版面，如报纸、期刊等。

教学实例

通过对版式设计的版面印刷相关知识的学习，了解版面印刷中出血的运用和印刷纸张的选择，利用排版软件来设置印刷品的出血线。出血线在版面印刷中是非常重要的，要注意不同种类印刷品出血线的设置方法。

图 5-35 从版面边缘向内设置一条红色线就是出血线，出血线与裁切线之间的区域就是出血范围，在版面尺寸线内设置的线为内出血线。

在进行排版印刷前，设置出血线时一定要注意出血线设置的方法。在版面的四周都有 3 mm 的出血线，如果文字过于接近画面的边缘，或者紧挨画面的边缘时，出血线离图片与文字的距离至少要有 5 mm。最后裁切时，如果切刀向内误差了 2 mm，那么文字图案有可能被裁掉，这样就会影响画面的美观。正确的出血线如图 5-36 所示，错误的出血线会导致图文信息的缺失，如图 5-37 所示。

图 5-35　杂志封面版面

图 5-36　正确的出血线

图 5-37　错误的出血线会导致图文信息的缺失

设计分析

分析 5-1　图 5-38 版面内容是以图形为主，这种版面设计的印刷品应选用光泽度高的纸张，使印刷品达到墨色均匀、厚实，色彩鲜艳明快的效果。在版面的处理中利用图形编排中出现的空白处，将文字穿插其间，由此引导观者的视觉顺序，使整个版式的阅读自然流畅；调整图形的大小，使图形大小与图形分区协调一致；留出适当的空白，将文字的行距缩小，加强版面的整体感。

分析 5-2　如果版面内容以文字为主，宜选用光泽度一般的纸张，以免反光太强，这样长时间看书会造成眼睛不适，产生疲劳感。图 5-39 和图 5-40 中版面是以文字为主，文字信息的处理非常完整，标题字与正文及图形三者的关系很明确地表现出版面的主题，同时大面积的色块也突出了主题内容；图形与文字信息有效分组，在版面中将图片与文字靠拢，空白处显得非常完整，有强烈的节奏感。

图 5-38　图形和文字的大小与图片分区协调一致

图 5-39　文字为主的版面一　　　　图 5-40　文字为主的版面二

分析 5-3　图 5-41 是一幅广告海报的设计，采用胶版纸印刷。其中运用了一些非信息元素的图形，清晰地将图形与文字信息在版面中进行了上下分区和编排，色彩简洁而鲜明，设计思路非常清晰，具有强烈的视觉冲击力，突出了主要的版面信息。

图 5-41　利用非信息元素的图形也可以很好地突出版面的主要信息

课后练习

1. 通过对版面设计和印刷知识的学习，结合对版面开本、出血线的设置及图片印刷的知识，设计杂志封面，选择适当的图片进行版面设计。

创意思路　在进行版面编排的时候，注意选择开本的大小和方向以及设置图形出血的方法。要抓住和强调杂志主题本身的特征，并把它鲜明地表现出来，将这些特征置于版面的视觉中心，加以烘托处理，使观众在接触海报的同时就对其产生视觉兴趣。杂志封面如图5-42所示。

2. 学习版面设计与印刷的相关知识，根据版面设计对版面及印刷的要求，设计一张以环境保护为主题的海报。要求设计中有图形和文字信息，文字部分要有标题、主办单位及展览时间。公益海报如图5-43所示。

创意思路　运用所学知识对图形信息进行处理，要求版面设计思路清晰，版面编排主次分明，合理布局安排图文信息，同时注意画面的节奏感。要对图形分辨率的大小进行选择，分辨率过小会直接影响图形的质量，不要选择有偏色的图形，以免影响版面设计的效果。为避免印刷成品出现色差，图形输出时，要选择CMYK模式。公益广告如图5-44所示。

图5-42　杂志封面

图5-43　公益海报

图5-44　公益广告

项目六
版面编排设计的应用

BANMIAN BIANPAI SHEJI（DIERBAN）

课程内容

本项目通过学习版面编排设计(或版面设计)在各类媒体中的应用，掌握使用各种材料时和在不同视觉要求下版面编排设计的实际运用。

知识目标

掌握版面编排设计在不同领域的实际运用，将理论知识转化为实践设计作业。

能力目标

通过对版面编排设计应用的分析，对现代背景下的版面编排设计适用领域有一个初步的认识，也为进一步的学习打下坚实的基础。

任务一

传统平面上的应用

以创意为先导,将内容与形式紧密联系起来的表现方式，已成为现代版面编排设计的发展趋势。设计师敢于打破前人的设计传统，不拘泥于以往习惯的条条框框，并在常见的事物中发掘出新意来，树立大胆想象、勇于开拓的观念，掀起了一场设计思维与设计理念的全新革命。

一、报纸的版面编排设计 ONE

在数字信息席卷而来的今天，报纸出版商已经意识到：竞争力的提高，依赖的不仅仅是内容，报纸的形象也已经成为吸引读者购买的重要因素。快节奏的生活引导了视觉时代的来临，读者接受信息则越来越多地依赖图形化的语言。好的报纸的版面编排设计需要遵循以下几个原则。

(1)报纸的版面编排设计以便于阅读为最高原则,应做到简单和一目了然。报纸的主旨就是满足读者的需求,因此其版面编排设计的一切努力都应该适应读者的阅读习惯，为读者服务是第一原则。图6-1的出版物设计是以五栏骨格为主的报纸版面，图片的编排打破了规则。版面的布局一目了然，满足了读者的阅读习惯。

(2)在报纸的版面编排设计中，应大胆运用新闻图片，而版面编排设计好的报纸几乎都是因为图片运用得好。新闻图片作为传媒的眼睛,对报纸版面起到不可或缺的活化作用，对于新闻价值大的图片，更应千方百计地发挥其特有的优势。

图 6-2 所示的报纸版面中的人物图形引人注目，人物图形打破了文字固有的板块，使其表现更加突出。

SOCIEDAD

38 · EL OBSERVADOR　　VIERNES 21 DE JULIO DE 1995

VISITA EL DIRECTOR DE LA UNESCO RECORRIÓ EL BARRIO HISTÓRICO

Se afirma la candidatura de Colonia

La visita del director de la Unesco, Federico Mayor Zaragoza, parece haber despejado las últimas incertidumbres y todo indica que Colonia será patrimonio de la humanidad

CLAVES

Federico Mayor Zaragoza

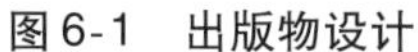

图 6-1　出版物设计

LE SOLEIL

SPECTACLES

Arts

Une femme heureuse

Han Suyin ne cesse de surprendre

En nomination pour 9 prix Gémeaux

LISTE NOIRE

FAMOUS PLAYERS

图 6-2　报纸版面

（3）报纸的版面设计要从零星修补向总体策划迈进，把版面设计列为报纸改革的主要内容。组稿、组版、画版的过程，实际上就是一个修补的过程。修补是为了趋于完美，但并不会创造完美。如果组版时不从版面设计出发考虑稿件的篇数、稿件题目长短、文章长短搭配及照片的安排等，那么即使是原来再好的构想也无法在版面设计上体现出来。

（4）报纸的版面设计要在服从表现内容的前提下，力求和谐匀称，实现形式与内容的统一。在形式与内容的关系中，内容应当始终占主导地位并起决定作用，不能也不应随心所欲，因为有些规律是必须遵循的。

因此在画版的过程中，要实现版面的匀称和谐，力求避免长文、短文过分集中，要做到上下呼应、左右呼应、对角呼应，使版面生动而有序。报纸的版面创意做好了，不仅可以便于读者阅读新闻，了解排版的思想，而且通过优美的版面形式和特定的版面气氛，能激发读者的阅读兴趣，并使之得到美的享受。版面的艺术性反过来又有利于报纸的思想引导，使报纸的思想引导作用通过其艺术性更好地表现出来，使读者受到教育、鼓舞和激励。

图 6-3 为《Books》——评论书籍的专业报纸版面，其中的文章必须要配有相应的、有见地的插图，以此来彰显报纸的格调，从而形成

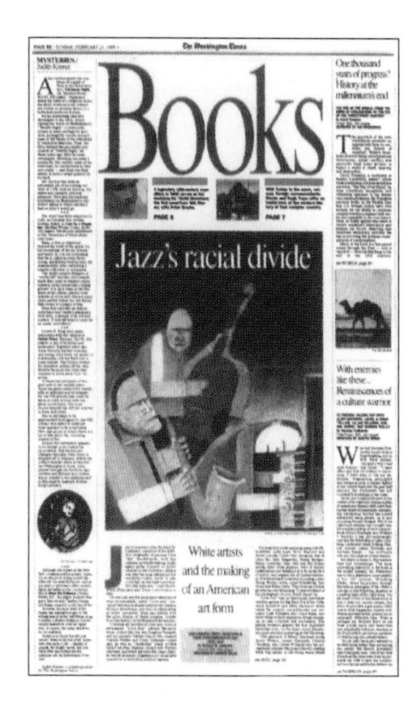

Books

One thousand years of progress? History at the millennium's end

Jazz's racial divide

White artists and the making of an American art form

With enemies like these... Reminiscences of a culture warrior

图 6-3　《Books》版面

一种文化的韵味和品位。 设计师将严谨、传统的版面配以情趣盎然的插画，使插画与报纸整体基调相得益彰。

二、杂志的版面编排设计 TWO

杂志出现于 19 世纪中期，经过 100 多年的发展，杂志并没有在日渐繁华的数码信息化浪潮之中被淹没，反而在一次次的演变中日益壮大，其在信息媒介中始终占有不可小觑的地位。 杂志的设计与书籍的设计不同，其版面编排具有更大的设计空间。

1. 杂志的外包装形象

（1）杂志的封面。 杂志陈列架上的各种杂志封面争奇斗艳、琳琅满目，唯恐其被人忽视。 各种杂志的出版商、发行商和设计师不约而同地把焦点落在了杂志的封面设计上，为了让杂志能从中脱颖而出不遗余力。 随着读者的眼光越来越高，赢得他们的注意力已经是越来越难了。 现今杂志封面就像商品的包装一样已成为市场竞争、促销的招牌和杂志的品牌标志。

图 6-4 和图 6-5 所示的《VISION》杂志，作为国内领先的艺术时尚杂志，自 2001 年 10 月创刊以来一直将国际艺术、时尚、人文以独特的视觉传播形式传递给中国的读者，带给读者不一样的视野，引发其对生活新的思考及激发其新的生活激情。 该杂志唯美且冲击力极强的封面让人不能忽视。

图 6-4 《VISION》杂志封面一

图 6-5 《VISION》杂志封面二

杂志封面不仅是纯图形化的商标，而且必须具有品牌的可读性、识别性、象征性。 因此杂志可以根据自身的定位及其相应的读者群，来设计自身的品牌字体。 例如：经济新闻类杂志的刊名字体多简洁、粗犷，娱乐时尚类杂志的刊名字体多时尚、潇洒。 同时，设计师更应注意把握品牌字体与封面中的其他信息，例如刊号、发行日期、内容标题等形成相对固定的组合编排，这种编排应具有一定的形式感、识别性，它往往通过文字的大小、疏密的对比或不同的对齐、穿插等形式来完成，从而将多种信息元素有机地统一为一体。

图 6-6 为《艺术与设计》杂志的封面。 其品牌字体具有良好的可读性与象征性，字体看似黑体与宋体的简单结合，其实设计师对其进行了微妙的改变，特别是“与”字的两横被处理成相反的方向，意味着艺术与设计的交融与结合。 品牌字体再与刊号、价格、广告语等文字信息形成固定的组合，其效果稳定醒目且含义深刻。

图6-7为站在纯时尚角度的《i-D》杂志封面，该杂志对时尚与风格发表独具视角的评论已经超过25年了。现在，这本英国杂志囊括了摄影、设计、时装及风格的评论与报道，它对新生的时尚艺术更是有着非常重要的影响。这本杂志封面上的模特，永远闭一只眼睛、睁一只眼睛。大写的字母D强调了杂志对设计的关注，小写的字母i则暗示了杂志"我行我素"的风格。Agyness Deyn在2009年3月刊上，为《i-D》带来了12个"睁一只眼睛、闭一只眼睛"顶级模特的一刊多封面的设计。

图6-6　《艺术与设计》杂志封面

图6-7　《i-D》杂志封面

（2）杂志的书脊。杂志的书脊往往是多数人容易忽视的地方，但由于杂志多数会被收藏，最终陈列于书架上，此时书脊就成了视觉主题和读者检索的对象。因此，对其设计的重视程度也能体现出设计师的职业素养。对于较厚的杂志来说，书脊会给设计师提供更大的表现空间。

图6-8为《Quorum Magazine》杂志的书脊设计方案，注意书脊上方的文字拼接游戏。

（3）杂志的大小。杂志的大小即为通常所说的杂志开本。通常的杂志是以大16开的开本规格为主，这种规格有其优势，因为对出版商来说，常规尺寸不会产生出额外的印刷成本；对设计师来说，也不会增加更多的工作量。但是从市场上来看，不同规格大小的杂志，并不是越来越少反而是日益增多。这是因为非常规规格的杂志在外表上能给人独树一帜的视觉冲击力与风格印象。

图6-8　《Quorum Magazine》杂志书脊

2. 杂志的内页设计

当你开着汽车在陌生的城市里行驶时，唯一能给你指引方向的是路边的路牌。杂志的阅读也是如此。相比较按页阅读的方式，更多的人选择的是跳跃式翻阅的方式。这就需要杂志有一个合理的导读系统以方便读者阅读。

（1）杂志的目录。优秀的杂志目录不仅能让读者迅速翻阅到感兴趣的页面，而且能像电影预告片或影片名字前的序幕一样，引起读者的阅读兴趣。

现代杂志的目录已经不仅仅局限于内部章节的标题排列和页码的简单标注，其内容上的信息日趋详细，常常会包含部分内容的节选、作者简介等。信息量的增加要求杂志目录的编排更加多变，其中字体的更换和颜色的调整是最有效的编排手段，能使目录传达的信息更加具有逻辑性和节奏感。例如，大标题使用不同的颜色和字体来使之更醒目等。

图6-9为《ELLE》杂志的目录版面。目录中的页码与标题排列清晰，富有可读性。而作为文章内容的照片被抽出来放在旁边，或去底，或进行组合，并配上页码，使其内容的信息量与时尚感并存。

图6-10为包豪斯的产品目录，其中的线条由极粗到极细的变化，能形成视觉的对比和节奏的跳跃感。这样既产生了文字块的视觉组织感，又形成了强烈的垂直强调。

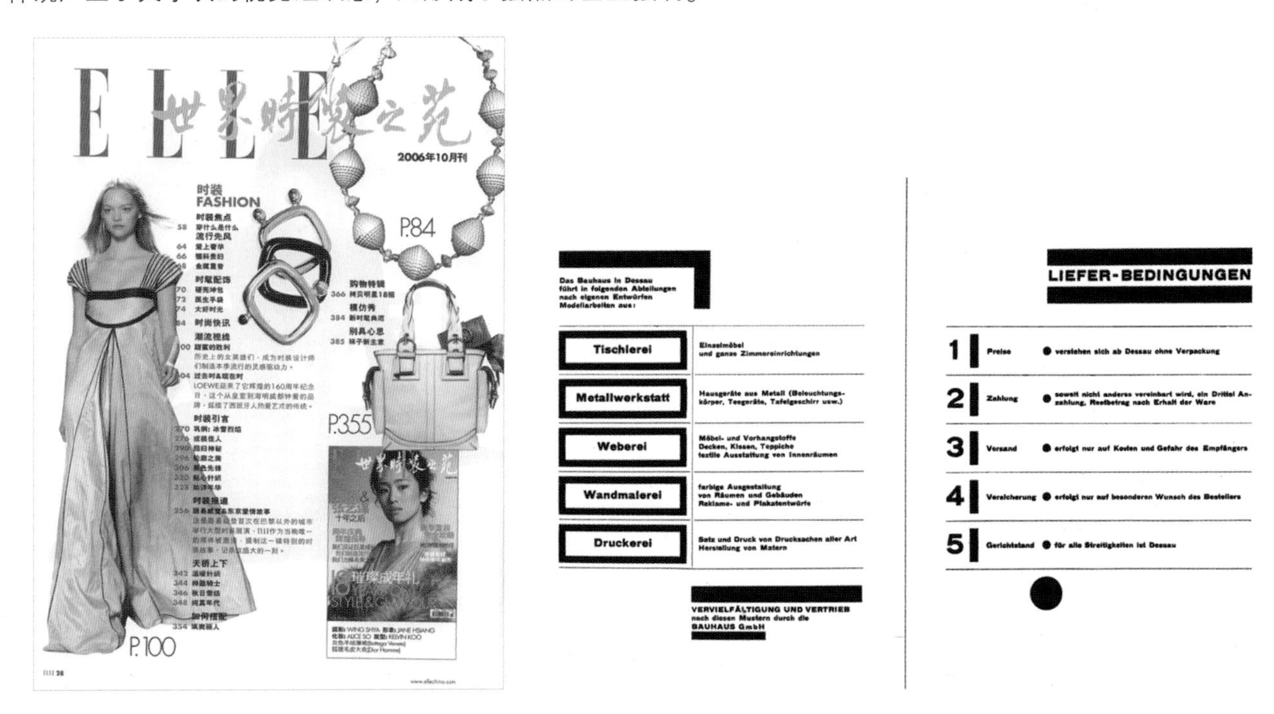

Das Bauhaus in Dessau führt in folgenden Abteilungen nach eigenen Entwürfen Modellarbeiten aus:

Tischlerei	Einzelmöbel und ganze Zimmereinrichtungen
Metallwerkstatt	Hausgeräte aus Metall (Beleuchtungskörper, Teegeräte, Tafelgeschirr usw.)
Weberei	Möbel- und Vorhangstoffe Decken, Kissen, Teppiche textile Ausstattung von Innenräumen
Wandmalerei	farbige Ausgestaltung von Räumen und Gebäuden Reklame- und Plakatentwürfe
Druckerei	Satz und Druck von Drucksachen aller Art Herstellung von Matern

VERVIELFÄLTIGUNG UND VERTRIEB nach diesen Mustern durch die BAUHAUS GmbH

LIEFER-BEDINGUNGEN

1	Preise	verstehen sich ab Dessau ohne Verpackung
2	Zahlung	soweit nicht anderes vereinbart wird, ein Drittel Anzahlung, Restbetrag nach Erhalt der Ware
3	Versand	erfolgt nur auf Kosten und Gefahr des Empfängers
4	Versicherung	erfolgt nur auf besonderen Wunsch des Bestellers
5	Gerichtsstand	für alle Streitigkeiten ist Dessau

图6-9 《ELLE》杂志目录版面

图6-10 杂志目录版面

（2）杂志的页码。页码是建立导读系统的要素，读者往往会忽视页码的存在，但它却是不可或缺的。作为设计师，注重作品的每一个细节是必须具备的职业素养。页码通常会和板块的标题进行组合设计，好的页码设计不仅可以满足读者的使用需求，而且可以成为页面的装饰。

图6-11通过在杂志底部利用垂直水平线形成分割，使读者在浏览时一目了然。该设计为简单、清晰的页码设计方案。

（3）内页的文字编排。杂志中的文字不只是提供给读者阅读的信息，设计师通过对内页标题、副标题、内文等文字信息进行字体、字号、间距、色彩、装饰等的设计，可以形成杂志视觉的逻辑关系，以方便读者阅读，并成为杂志视觉风格的构成要素。对杂志整体而言，杂志内页的文字编排要求统一中求变化，板块划分明晰，不同板块的页面效果应有差异。

图6-12 中的《Ling Magazine》杂志的内页整体风格，是通过文字板块的相互契合形成简约的构图来形成的。

图6-11　杂志页码版面

图6-12　《Ling Magazine》杂志内页版面

三、招贴的版面编排设计　THREE

招贴广告就是通常所说的“广而告之”之类的广告，在平面设计艺术领域中，它的影响面最广、学术性最强、历史最为悠久。 广告在国外又被称为“瞬间”的街头艺术，因此要使“瞬间”的艺术发挥最大的优势，在进行招贴广告的设计时，通常要考虑招贴版面设计的设计目的和它的适用环境，因为招贴广告是直接传播信息的载体，无论是设计目的还是适用环境，都要求其版面的设计具有视觉创意性。 视觉创意性则充分体现了图形创意的魅力。

招贴设计要求版面简洁、信息突出、色彩相对简单，并以客观直白的编排方式来吸引人们的注意。 例如，在版面上使用大面积的图片，文字选用较大的字号，这样使版面的视觉冲击力加强，达到吸引读者的目的，如图6-13 和图6-14 所示。 招贴设计要求观看者能够从较远的距离获得信息，在不经意间打动读者，因此，这也就要求在招贴设计中应多使用夸张、对比、幽默、特写等表现手法。

图6-13　招贴版面一

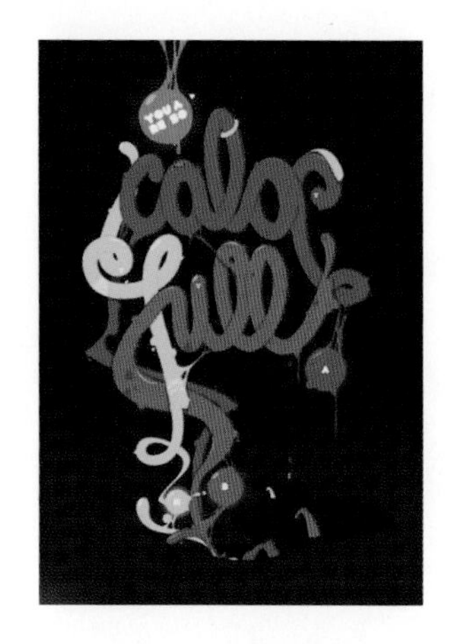

图6-14　招贴版面二

由于招贴往往是置于公共场所，面对的又是匆匆而过的人流，为了达到将人们的目光在转瞬之间吸引过来并且驻足观看的目的，对它的设计也就会有一些特殊的要求。

（1）要有大胆而新奇的构思。这是触动观众的情绪、调动人们的思绪并使其理解和记忆的关键。

图6-15为Levis服装的品牌招贴设计方案，这是一个独特的非常规的服装品牌的招贴设计方案，此时文字在画面中成为装饰和点缀。

（2）单纯而又突出的形式感。招贴是“瞬间”的视觉艺术，单纯的形式感更易于让人们在短暂的时间内了解一定的信息。但是，单纯并不是单调，单纯既可以是单一元素的突出表现，又可以是诸多元素统一、协调和完整的表现。它是一种强烈的单纯，一种夺目的单纯。

图6-16为《无印良品》招贴，简单、言语不多的设计方案，观看者在强有力的视觉冲击力的影响下容易被吸引而驻足进一步观看。

图6-15　Levis服装的品牌招贴设计

图6-16　《无印良品》招贴

（3）独特而具有个性的表现方式。在纷乱喧嚣的信息大潮之中，如何将自己的设计与他人的区分开来呢？这就需要独特而有个性的表现方式。这种独特和个性又是有限度的，它应在能够被人们理解和接受的同时，又能引发人们的共鸣与认同，并得到更高层次的个性化的满足与享受。

图6-17和图6-18为跳芭蕾的爱丽丝，海报元素简洁却活跃，构图与图文相得益彰，每一个看过《爱丽丝梦游仙境》故事的人都能够清楚地从画面中了解这一系列海报所欲表达的信息。

图6-17　电影海报版面一

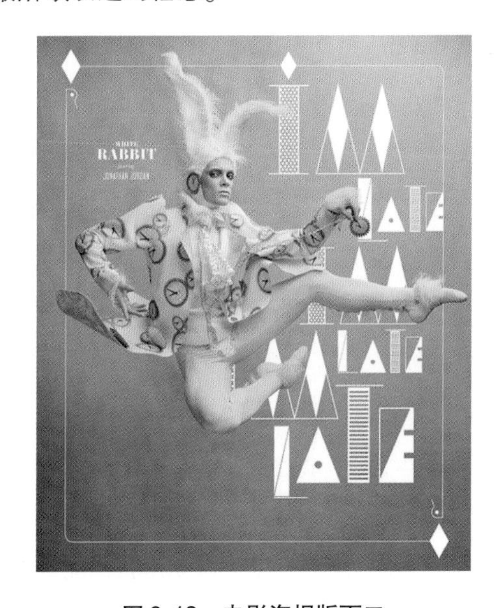

图6-18　电影海报版面二

四、宣传册的版面编排设计 FOUR

宣传册一般有企业产品的广告册、行政机关的介绍册、企业的宣传册、交通旅游指南册等，形式多种多样，因此，宣传册的版面设计也有很多种形式。因为宣传册具有宣传推广的作用，所以其版面设计具备以下特征。

（1）宣传的内容准确真实。宣传册的版面设计与招贴广告的版面设计同属视觉形象的设计，它们都是通过形象的表现技巧，在广告作品中塑造出真实感人、栩栩如生的产品艺术形象来吸引消费者，使他们接受广告宣传的主题，以达到准确介绍商品、促进销售的目的。与此同时宣传册还可以附带广告中的产品实样，如纺织面料、特种纸张、装饰材料、洗涤用品等，使其具有更直观的宣传效果。

图6-19为运输行业的宣传册，该设计将具有行业特征的集装箱、警告标志等转化为宣传册的封面、页码、内页等设计元素，向读者显示该公司业务的专业水准。

（2）介绍细致详尽。宣传册可以保证广告有长时间的诉求效果，使消费者对广告有仔细欣赏的余地，因此宣传册应仔细详尽地介绍和说明产品的性能特点和使用方法。

图6-20中提供了各种类型和不同角度的产品照片，以及工作原理的图纸、科学试验的数据和图表等，以便于用户进行合理的选择，正确的使用、维修和保养。

图6-19　运输行业的宣传册

图6-20　各种造型和不同角度的产品照片

（3）印刷精美别致。宣传册要充分利用现代先进的印刷技术所印制的形象逼真、色彩鲜明的产品和劳务形象来吸引消费者。同时通过描写生动、表述清楚的广告文案，使宣传册以图文并茂的视觉优势，有效地传递广告信息，来说服消费者，使其对产品和劳务留下深刻的印象。

图6-21中构思巧妙的插画、精美的印刷装帧，让人产生收藏的欲望。

（4）散发流传广泛。宣传册可以大量印刷并邮寄到代销商或随商品发到用户手中，或通过产品展销会、交易会分发给到会观众，这样可以使广告产品或劳务信息的流传范围更广。由于宣传册开本较小，因此便于邮寄和携带。同时，有些样本也可以作为技术资料长期保存。

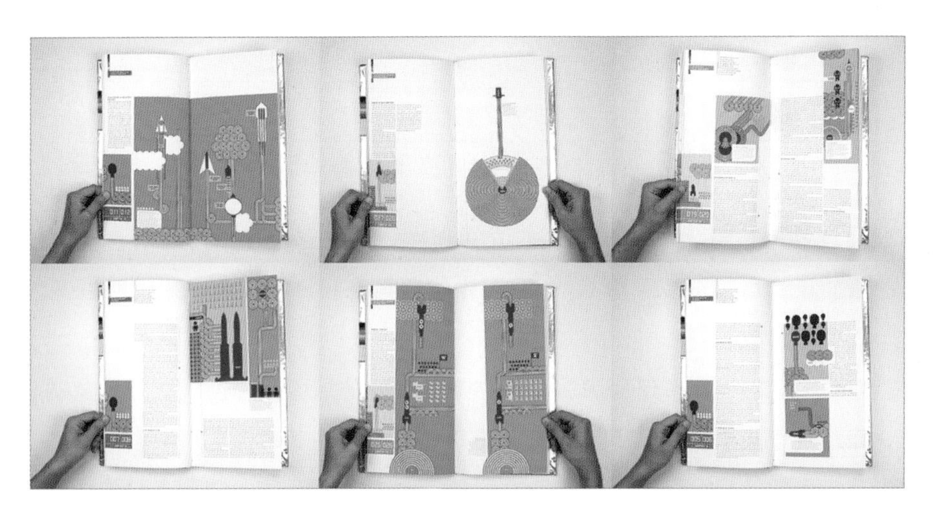

图 6-21　构思巧妙的插画、精美的印刷装帧

任务二

包装装潢的版面编排设计

包装设计由几个相互关联版面组成，各个版面的信息内容虽不尽相同，但它们却都是传达同一种产品的信息，它们互相照应、叠加、连接，把商品质量、商品形态等信息以符号的形式表达，突出主题部分，条理清晰，使消费者与商品之间的距离在瞬间缩短。

日本著名设计大师原研哉的包装设计作品如图 6-22 所示。图 6-23 为国外医药用品包装的时尚简约设计，符合潮流。该包装设计作品使用材质是绿色环保的，对人的健康无害。外包装盒的语言简练，直达患者需要。

在更加注重装饰性的包装设计中，设计师拥有更广阔的发挥空间，能够创造性地使用形状、图形、色彩和文字。除此之外，包装的设计中还需要考虑在不同的表现主体上的不同效果。另外，还需要把包装的生产方

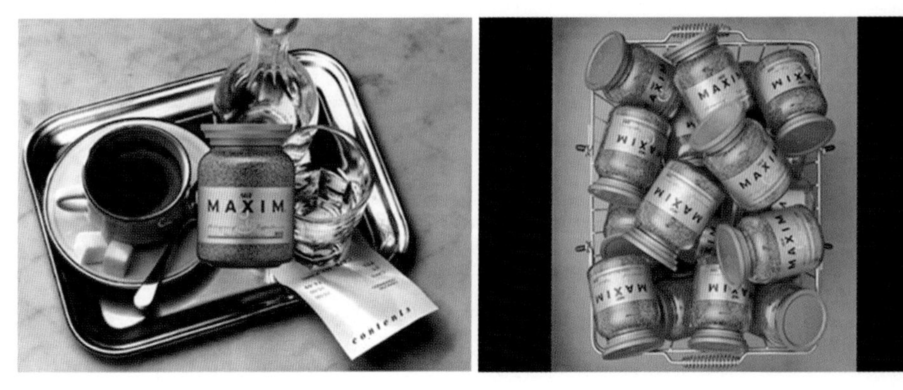

图 6-22　日本著名设计大师原研哉的包装设计作品

式考虑进来，其不同材质的应用及辅助印刷技术都是可行的设计选择。

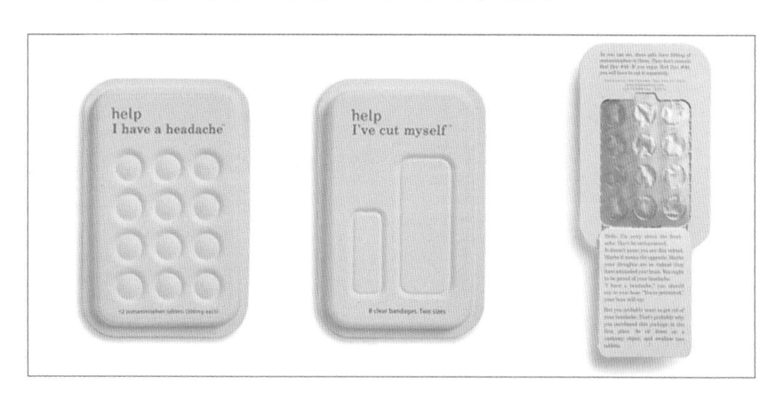

图6-23　药品包装

任务三

数字媒体上的应用

数字媒体随着因特网的出现开始兴起，目前中国数字媒体的载体包括因特网、手机载体、交互式网络电视。数字媒体通过影响消费者行为深刻地影响着各个领域的发展，其中消费业、制造业等都受到来自数字媒体的强烈冲击。

网络是一种新型的媒体，现已成为主要的传播载体之一，它具有传统媒体所没有的优势，如交互性、广泛性、灵活性等。网页界面的版面设计就是在有限的版面空间上，将文字、图片、符号、动画、按钮等视觉元素进行艺术处理和组合排列，使它们生成网络信息符号，从而方便网友使用，和网友拉近距离。通常根据主题的需要，其装饰形式要为内容服务，网页在传达信息的同时又要愉悦网友的感官感受，所以设计师在设计网页界面时应有目的地组织各构成视觉元素，进行艺术与技术的有机结合，发挥个性优势，创作出不凡的版面效果，展现出艺术设计中语言与技术的高度浓缩与概括的魅力。网页在设计时要注意以下几个方面。

（1）网站的版面编排。网页设计作为一种视觉语言，特别讲究版面的编排和布局，虽然主页的设计不同于其他的平面设计，但它们之间有许多相似之处。主页版面设计通过文字和图片的空间组合，表达出和谐与美感。多页面站点的页面的编排设计，要求把页面之间的有机联系反映出来，特别要处理好页面之间和页面内的秩序与内容的关系。为了达到最佳的视觉表现效果，应反复推敲整体布局的合理性，给浏览者以流畅的视觉享受。

图6-24为某美发沙龙网页的版面设计，其中将各类信息与各类功能区域进行了划分，使广告区域更加突出，导航区域的条理更加清晰。

图6-25为某摄影公司网站的导航页设计，该设计在骨格规则中寻求变化，打破了摄影作品的完整性，使作品左下角的内容反而更加突出。其版面设计时尚、简约却不简单。

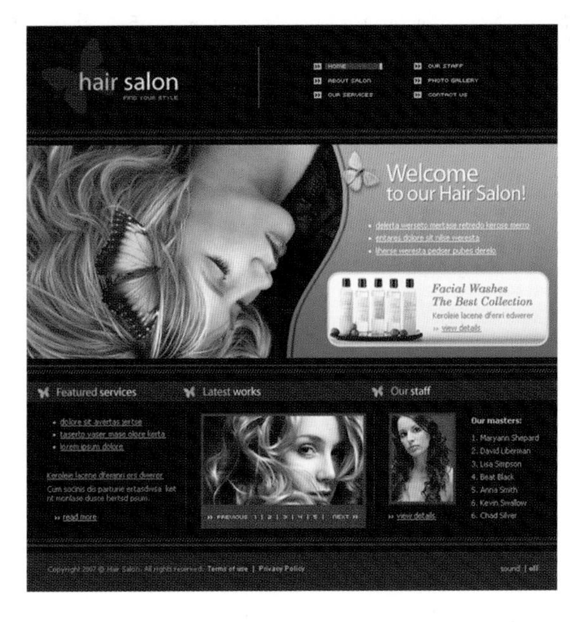

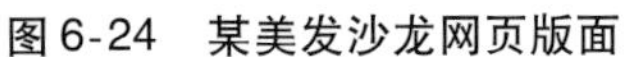
图6-24　某美发沙龙网页版面

图6-25　某摄影公司网站导航页版面

（2）色彩在网页设计中的作用。色彩是艺术表现的要素之一。在网页设计中，设计师根据和谐、均衡和重点突出的原则，将不同的色彩进行组合搭配来构成美丽的页面。同时根据色彩对人们心理的影响，合理地加以运用。如果企业有CIS（企业形象识别系统），设计师应按照其中的VI（视觉形象识别）进行色彩运用。

图6-26为某网页设计公司网站。网页设计公司的网站设计是公司实力的体现，该公司网站设计以无限的创意作为其最佳卖点，"灯泡"是创意灵感表现，使用色彩明亮的灯泡作为网页设计的最亮点吸引了浏览者并引起进一步浏览。

图6-26　某网页设计公司网站版面

（3）网页设计的形式与内容相统一。为了将丰富的意义和多样的形式组织成统一的页面结构，页面的形式语言必须符合页面的内容，从而体现内容的丰富含义。在设计中灵活运用对比与调和、对称与均衡、节奏与韵律以及留白等手段，通过空间、文字、图形之间的相互关系建立整体的均衡状态，产生和谐的美感。点、线、面作为视觉语言中的基本元素，通过巧妙地将它们互相穿插、互相补充来构成最佳的页面效果，从而充分表达完美的设计意境。

任务四

空间环境上的应用

在进行空间环境的设计时，首先要考虑其平面布局，不过应在确定空间的性质之后才能去构思平面的布局。空间环境的设计要注意以下几个方面。

（1）用简洁的手法使外部空间获得丰富的景观效果。利用空间现有的布局进行布局，达到出其不意的效果。整体布局简洁，但其中变化丰富。

图6-27为英国斯托克利公园系列环境标志牌的设计，公园大门入口处两块长达9米的悬挂钢板“吊旗”，其设计优雅别致，流动型造型仿佛“吊旗”在迎风飘动。“吊旗”由曲面、字体和颜色组合形成，格外引人注目。

（2）注重外部空间的平面构图和立面构图。平面构图不仅要具有较强的规律性，而且要体现自己的风格；立面构图则要布局合理，充分发挥多样性的优势。

图6-28为某美发产品广告。其创意源于格林童话故事中的《长发公主》，故事中囚禁在森林高塔中的公主放下她的长发，让王子爬上高塔与其相聚。这个充满童话色彩的创意，强调该产品的强韧发质的功效，足可以让过往行人驻足。该设计有效地利用了建筑本身的设计风格和现有资源——窗户。

户外广告是真正的大众传媒。从最初的招贴开始算起的话，户外广告可能是现存历史最悠久的媒体形式之一。即使新媒体还在不断涌现，户外广告依旧是被广泛采用的媒体之一。

户外广告的设计要领如下。

（1）强有力的视觉冲击效果。户外广告在传播过程中容易受到周围环境和各种因素的干扰，其受关注的时间大约只有几秒钟。为了给来去匆匆的人们留下深刻的印象，除了依靠其自身的大面积优势外，户外广告设计要加速视觉传达速度，满足“瞬间”的需要。

图6-27　英国斯托克利公园环境标识

图6-28　某美发产品广告

图6-29中广告牌上方设计了一个波浪形的覆盖物，当太阳升起时，广告牌上波浪式的阴影上升，以此来表现全球变暖造成的海平面上升。

（2）结合发布现场，提升创意表现。户外广告有不同的发布环境，如超市、车站、建筑物外观等。据调查，户外广告在诸多媒体当中最接近产品的售卖场所。因此因地制宜、巧妙构思，结合发布的周边环境进行广告创意会取得非同一般的效果。

图6-30是南非国家发电厂投放的户外广告。本应该布满聚光灯的户外广告牌，仅用了一盏灯。它的广告语："明智地用电"，让人感觉意味深长。

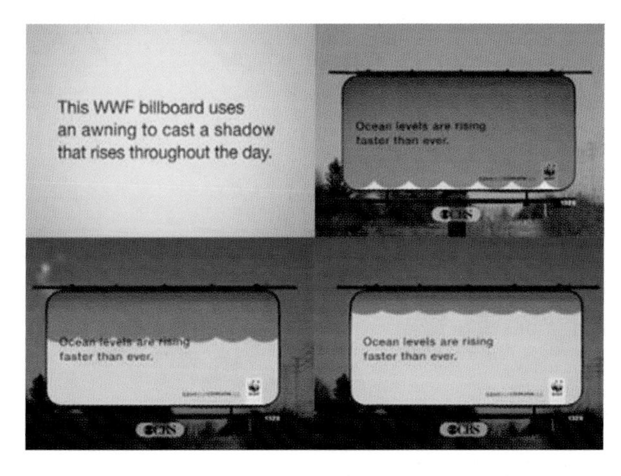

图6-29　户外公益广告

图6-30　南非国家发电厂户外广告

教学实例　版面编排设计在报纸版面设计中的应用

《旧金山观察者》为一以地方新闻为主的报纸，由设计师历时三个月进行重新设计。新设计将报纸原有的传统严肃的形式转换成与内容相符的小报形式，形成鲜明的视觉识别形象，也赢得了读者的认同。

设计师的整体设计从刊名入手，将图形标志与字体形成固定的组合关系，确立报纸的品牌标志。头版只有一则主题新闻，并由专门的设计师完成设计方案。 其他新闻都只有标题或概要置于检索栏、信息栏中。 头版新闻内容采用大胆的新闻照片，特别是一些特写照片，使版面具有视觉冲击力。 标题的设计在文字上更加具体、直接，并使用统一的粗字体，力求醒目，如图6-31所示。

图6-32的头版版面结构分析如下。

（A）社评标题栏：一般由1 ~3个标题组成放置于版面的右上角。

（B）即时信息栏：由红色色带与照片、文字组合构成，其中放入每天最新最重要的新闻。

（C）主题照片：多使用特写照片，直观、醒目，与粗体的标题文字在明度上形成反差。

（D）内容概要栏：固定专栏的内容介绍。

（E）新闻检索栏：当地的最新新闻。

（F）讨论栏：多为访谈或问答。

San Francisco's Hometown Newspaper

THURSDAY May 16, 2002

The Examiner.

P.J. Corkery

Warren Hinckle

T. Hashimoto

HERO COP SAVES NEWBORN'S LIFE

San Francisco police Officer Julian Hermosura knows a thing or two about fatherhood and saving lives. He used both skills Tuesday in delivering a baby boy whose umbilical cord was strangling him. Mother and son are fine. | SEE 4A

OUR CHILDREN BETRAYED | City kids frolic in Superfund site

Poisoned playground

The Hunters Point Naval Shipyard is full of industrial solvents, heavy metals, petroleum products, radioactive waste — and neighborhood children who find its wide-open spaces irresistible.

Star Wars

'Attack of the Clones': A force ...

Epic action. Harrowing escapes. Minimal Jar-Jar. This one's worth the wait.

or a farce?

S.F. DocFest offers a hilarious view of those who worship a little too much at the altar of Lucas.

Church probe

Archdiocese delivers docs

Vatican

John Paul II: I'm not through

Terrell Owens' hoop schemes draw a foul

Examiner Q&A

Amos Brown: Homeless laws were my idea

Welcome to the new Examiner! Editor's letter, 9A

图6-31　《旧金山观察者》报纸版面

图6-32　杂志封面设计一

设计分析

本章学习的关键在于应用，编排设计的应用范围广泛，涵盖了多个应用领域，现以多个案例进行分析讲解。

分析6-1　图6-32和图6-33的案例中，设计师利用了玻璃折射所形成的抽象效果进行设计。 读者很快就会被这种装饰性强的朦胧效果所吸引。 页面中的字体使用了强调性的粗体，但是视觉效果强烈的图片仍然成为关注的焦点。

分析6-2　图6-34为《VOGUE》——创刊于1892年的杂志，是一本世界上历史悠久且广受尊崇的时尚类杂志。 2011年加拿大设计师Shrubrub通过将不同国家的VOGUE杂志封面进行重叠拼贴，把2010年12个月的封面叠合在一起，最终合成的图片创意十足，而且产生的效果具有强烈的前卫和时尚感。

图6-33　杂志封面设计二

图6-34　《VOGUE》杂志封面版面

分析6-3　图6-35的宣传册编排中，全册采用大幅图片的跨版编排设计，出血印刷方式、页面不经裁剪的分割，使图册更显精美和与众不同，彰显不同个性。图册中满版图片上的反白文本引导阅读者深入图册，了解其内涵。

分析6-4　图6-36美国联合航空公司为开辟英国新航线所作的广告，广告以英国皇家卫队的士兵头部特写为主体，照片本身强调了英国皇家卫队有特色的高帽，将士兵夸张的高帽作为视觉中心点放置文字，突出和强调了该航空公司皇家礼遇一般的尊贵服务。

本案例设计师按照版面的视觉中心进行编排设计，考虑到了将重要信息或视觉流程的停留点安排在注目价值高的位置，优选最佳视觉区域。

图6-35　宣传册版面

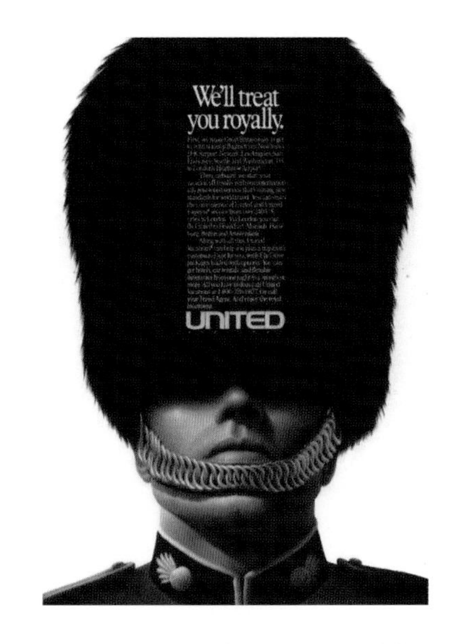

6-36　美国联合航空公司招贴版面

分析6-5　图6-37和图6-38是第十届中国广告节金奖作品——固特异轮胎。固特异轮胎作为安全行车理念的积极倡导者，体验驾驶的惬意游动和安全性能是最让客户关注的问题。广告中鱼的自由灵动寓意轮胎的灵活、顺畅、自如，卷曲的章鱼须寓意轮胎优秀的抓地性能。招贴的版面编排呈现单纯、醒目的视觉特征，图形表现充分，说明性强。

图6-37　固特异轮胎招贴版面一

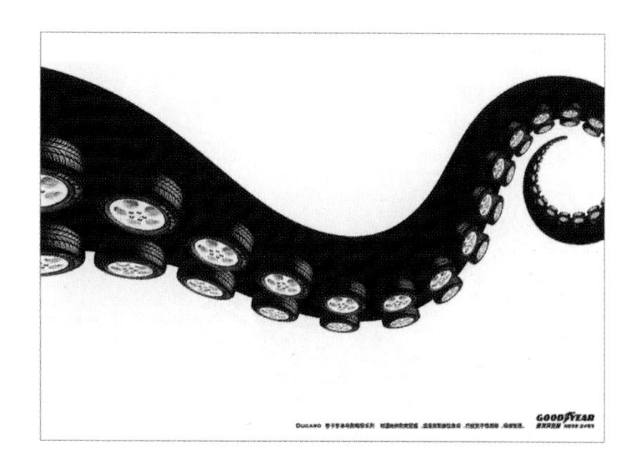

图6-38　固特异轮胎招贴版面二

分析6-6　图6-39在整体的版式编排中，设计师大胆夸张地运用了大面积明亮的橙色手绘线条构成了具有标示性的圆形图案，色彩及构图效果强烈，瞬间抓住阅读者注意力，并将这一独特的风格和编排方法延伸到其他的产品中。该设计利用有限的形式语言营造出无限的想象空间，其表达的意境是随意的、无限的，这种类型的版面编排将更具有时代感和现代气息。

图6-39　产品宣传册版面

课后练习

1. 通过本项目中宣传册的版面设计知识的学习，结合前面项目中对开本设计的学习进行杂志的版面设计。

创意思路　版面编排时，要选择合适的开本方向和大小，注重图片的选择和页码、书脊等细节的设计。要求版面风格突出、层次清晰、编排合理，注重个性化风格的展现，通过选择优秀的图片来展现作品的独特个性，如图6-40和图6-41所示。

图6-40　杂志版面一

图6-41　杂志版面二

2.通过本项目的学习，按照版面设计中的各种编排要求，进行报纸版面的设计。

创意思路　将版面设计原理同后面的应用项目结合起来，图片需选择适用于报纸印刷的类型。要求版面的布局合理、层次清晰，明确主次信息的编排，如图6-42和图6-43所示。

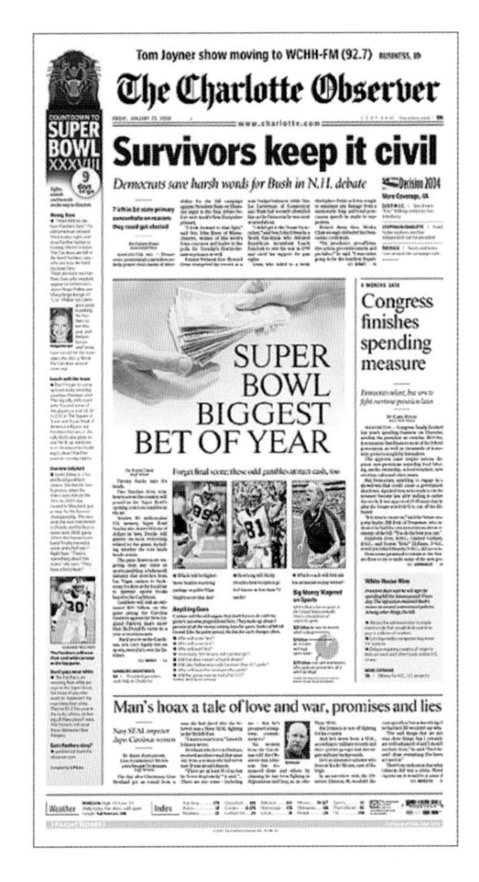

图6-42　报纸版面一

图6-43　报纸版面二

参考文献 CANKAO WENXIAN

［1］（日）佐佐木刚士. 版式设计原理［M］. 武湛，译. 北京：中国青年出版社，2007.

［2］（美）金伯利·伊拉姆. 美国编排设计教程［M］. 王毅，译. 上海：上海人民美术出版社，2009.

［3］（美）蒂莫西·萨马拉. 设计元素——平面设计样式［M］. 齐际，何清新，译. 南宁：广西美术出版社，2009.

［4］（美）蒂莫西·萨马拉. 完成设计——从理论到实践［M］. 温迪，王启亮，译. 南宁：广西美术出版社，2008.

［5］李喻军. 版式设计［M］. 长沙：湖南美术出版社，2009.

［6］（日）佐佐木刚士. 版式设计全攻略［M］. 暴凤明，译. 北京：中国青年出版社，2010.